本书系国家自然科学基金项目（项目编号：12164031）
和内蒙古自然科学基金项目（项目编号：2016MS0108 和 2010BS0102）成果

GaN 量子阱光电探测器中单电子态的数值计算

哈斯花　朱 俊 ◎ 著

吉林大学出版社

·长春·

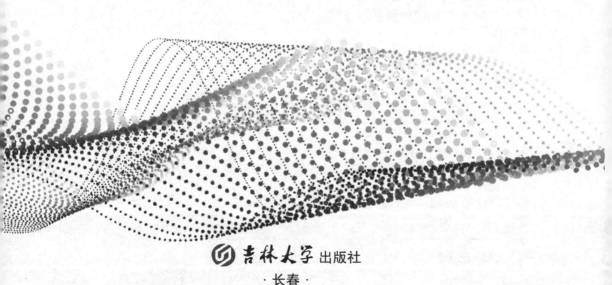

图书在版编目（CIP）数据

GaN 量子阱光电探测器中单电子态的数值计算 / 哈斯花，朱俊著. -- 长春：吉林大学出版社，2022.10
ISBN 978-7-5768-0915-2

Ⅰ. ①G… Ⅱ. ①哈… ②朱… Ⅲ. ①多量子阱结构－光电探测器－电子态－数值计算 Ⅳ. ①TN215

中国版本图书馆CIP数据核字（2022）第196044号

书　　名：	GaN 量子阱光电探测器中单电子态的数值计算
	GaN LIANGZIJING GUANGDIAN TANCEQI ZHONG DANDIANZITAI DE SHUZHI JISUAN

作　　者：哈斯花　朱俊 著
策划编辑：马宁徽
责任编辑：甄志忠
责任校对：田茂生
装帧设计：唐新红
出版发行：吉林大学出版社
社　　址：长春市人民大街4059号
邮政编码：130021
发行电话：0431-89580028/29/21
网　　址：http://www.jlup.com.cn
电子邮箱：jldxcbs@sina.com
印　　刷：朗翔印刷（天津）有限公司
开　　本：787mm×1092mm　　1/16
印　　张：12.75
字　　数：210千字
版　　次：2023年1月　第1版
印　　次：2023年1月　第1次
书　　号：ISBN 978-7-5768-0915-2
定　　价：66.00元

版权所有　翻印必究

序 言

随着半导体科学与技术的发展，电子器件、光电子器件及器件集成的研究与应用始终吸引着众多研究人员的探索兴趣，而半导体材料的选取自然成为这一研究领域的重要基础。Si 和 GaAs 曾是较有代表性的半导体材料，但存在禁带宽度较小或间接带隙等缺点，使得它们的应用只能限制在很窄的光谱范围内。同时这些材料也无法适应高温、高功率、高频率等应用要求。于是，Ⅲ族氮化物半导体材料便逐渐成为研究与应用的重要材料，是第三代半导体技术的主要发展方向。

Ⅲ族氮化物材料是高电离度、短键长、低压缩性、高热导率和宽禁带的直接带隙半导体材料，在诸多器件应用方面，该类材料及其化合物可以提供更多更重要的优越特性。近来，这些材料已被广泛应用在高温和高辐射环境下的电子器件、蓝色电致发光器件、紫外光检测及发射器件等方面。尽管氮化物层状材料的生长技术仍存在一些难题，但目前在高质量层状材料制备和性能测试等方面已取得了长足的进步。例如异质结、多量子阱、超晶格、核壳纳米线、纳米管和量子点等材料结构的制备，以及如基于 GaN/InGaN 量子阱的发光二极管、基于 InGaN 的注入式多量子阱激光器等的陆续研制便充分说明了这一点。因而，以 GaN、AlN、InN 以及其三元乃至四元合金化合物为代表的宽禁带氮化物材料及其半导体器件的研究非常活跃，受到学术界和产业界的普遍关注。

虽然Ⅲ族氮化物材料在异质结构和器件结构等方面，与第二代半导体 GaAs 和 InP 等并无本质上的区别，但在材料物理化学性质、制备工艺及性能机制方面呈现出诸多显著特点。比如,由氮化物材料组成的量子阱等异质结晶格失配度比较大,导致其各层材料中存在较强的压电极化效应,极化电场通常在 MV/cm 量级内。除此之外,氮化物半导体的晶格结构对称性不同和各向异性,也会引起较强的自发极化。因此,针对Ⅲ族氮化物异质结和量子阱中的电子态这一基本理论问题进行系统的研究和阐明,将对该领域材料与器件的科学研究和技术开发提供帮助和参考。

  本书总结作者十余年来一直从事Ⅲ族氮化物异质结构的理论研究结果,详细介绍在有效质量近似框架下基于 GaN 量子阱光电探测器中单电子态的数值计算方法、理论模型和计算数据分析。全书一共分为六章。第一章和第二章重点介绍Ⅲ族氮化物半导体材料及其量子阱结构的特点和性质。第三章讨论 GaN 量子阱中的电子态及其受到极化电场、二维电子(空穴)气、外电场以及电声子相互作用的具体影响。第四章介绍 GaN 单量子阱和双量子阱中的类氢杂质态。第五章详细介绍 GaN 量子阱中的激子态及电声子相互作用等问题。第六章通过量子阱结构的设计和优化,分别介绍非对称单量子阱、外电场调制下的单量子阱、耦合双量子阱和插入纳米凹槽的台阶量子阱研究电子的子带间跃迁的光学吸收问题和动力学性质。

  本书第一章和第二章由朱俊撰写,其余章节均由哈斯花撰写并对全文进行审阅。由于作者水平有限,书中疏漏和不足之处在所难免,敬请读者批评指正。

哈斯花
2022 年 8 月 28 日

目 录
CONTENTS

第一章　III 族氮化物的基本性质

1.1 晶体结构 1
1.2 能带结构 3
1.3 缺陷和杂质 6
参考文献 9

第二章　GaN 量子阱的基本性质

2.1 带阶 11
2.2 应变 12
2.3 极化电场 16
2.4 电子气屏蔽效应 21
2.5 电声子相互作用 23
参考文献 28

第三章　GaN 量子阱中的电子态

3.1 引言 —— 33

3.2 理论计算模型 —— 35

3.3 极化电场对量子阱中电子和空穴本征态的影响 —— 43

3.4 电子 - 空穴气屏蔽影响下应变量子阱中电子和空穴的本征态 —— 49

3.5 外电场下应变量子阱中电子与空穴的本征态 —— 53

3.6 电声子相互作用对量子阱中电子本征态的影响 —— 58

3.7 小结 —— 61

参考文献 —— 63

第四章　GaN 量子阱中的类氢杂质态

4.1 引言 —— 69

4.2 理论计算模型 —— 70

4.3 单量子阱情形 —— 71

4.4 双量子阱情形 —— 75

4.5 小结 —— 80

参考文献 —— 80

第五章　GaN 量子阱中的激子态

5.1 引言 —— 85

5.2 理论模型 —— 87

5.3 闪锌矿 [001] 取向 GaN 量子阱中的激子态 —— 93

5.4 闪锌矿 [111] 取向 GaN 量子阱中的激子态 —— 95

5.5 纤锌矿 [0001] 取向 GaN 量子阱中的激子态 —— 98

5.6 小结 —— 109

参考文献 —— 111

第六章　GaN 量子阱中的电子子带跃迁

6.1 引言 ———————————————— 117

6.2 GaN 量子阱中的电子子带跃迁 ———————— 120

6.3 GaN 量子阱中电子的声子辅助子带间跃迁 ——— 150

6.4 小结 ———————————————— 154

参考文献 ———————————————— 157

附　录 ———————————————— 165

第一章　Ⅲ族氮化物的基本性质

1.1 晶体结构

Ⅲ族氮化物半导体材料通常存在两种晶体结构，即分属于立方晶系的闪锌矿（zinc-blende，ZB）结构（立方β相）和六角晶系的纤锌矿（wurtzite，WZ）结构（六方α相）[1-3]。此外，在极端高压下可能会形成氯化钠型复式立方的岩盐结构。

晶体结构的形成主要由晶体的离子特性所决定。在化合物半导体晶体中，原子间的化学键包含共价键和离子键成分。两种化学键成分占比不同，导致形成不同形式的晶体结构。其中，闪锌矿结构属于热力学亚稳相，多在低温下制备而成。以 GaN 为例，如图 1.1（a）所示，GaN 闪锌矿晶体每个晶胞含有 8 个原子，包括 4 个 Ga 原子和 4 个 N 原子。它可以看作两个面心立方套构而成，即由两个面心立方晶格结构沿对角线平移 1/4 对角线长度嵌套而成的立方密堆积结构。其空间群为 F-43m，原子密排面为（111），晶格常数值约为 a=0.451nm。在室温和大气压条件下，Ⅲ族氮化物晶体都是强离子型晶体，离子键成分比共价键成分更多，因此其热力学和动力学稳定相都是纤锌矿结构[4-6]。

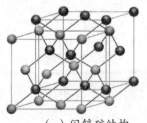
（a）闪锌矿结构
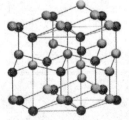
（b）纤锌矿结构

图 1.1　GaN 的两种晶格结构

如图 1.1（b）所示，GaN 纤锌矿晶体每个晶胞含有 12 个原子，包括 6 个 Ga 原子和 6 个 N 原子。它属于六角密堆积结构，由两个六方密堆子晶格结构沿 c 轴平移 3/8 个晶胞高度嵌套形成的具有六角对称性的结构。其空间群为 $P6_3mc$，原子密排面为（0001），存在两个晶格常数，面内晶格常数和轴向晶格常数值分别为 $a=0.3189nm$ 和 $c=0.5185nm$。

Ⅲ族氮化物的这两种晶格结构都是以Ⅲ族原子或 N 原子为中心与周围最近邻的 4 个 N 原子或Ⅲ族原子成键，构成四面体结构。纤锌矿和闪锌矿结构的区别在于堆垛顺序，前者沿（0001）方向的堆垛顺序为 ABAB……后者沿（111）方向的堆垛顺序为 ABCABC……两种不同晶体结构的材料的物理性质也有很大的不同。由于材料制备的难易程度以及晶体质量等原因，目前绝大多数研究和应用的都是纤锌矿结构的Ⅲ族氮化物材料。

作为六方晶系，纤锌矿结构通常采用四轴坐标系来描述晶格的晶向和晶面。在同一底面由 X_1、X_2 和 X_3 三个坐标轴，它们互相成 $120°$ 角，轴上的度量单位则为晶格常数 a（因此，常称这些轴为 a 轴），垂直于底面的坐标轴为 Z 轴，其度量单位为晶格常数 c（因此也常称 Z 轴为 c 轴）。在该坐标系下，晶向指数和晶面指数分别表示为 $[uvtw]$ 和 $(hkil)$。两种指数中只有三个独立的参数，满足 $u+v=-t$ 和 $h+k=-i$ 的关系。因此，也常常省略第 3 个数字而简记为 $[uvw]$ 和 (hkl)，等效为在由 X、Y 和 Z 轴建立的三轴坐标系中的晶向或晶面。例如，$[11\bar{2}0]$ 晶向可以表示为 $[110]$ 晶向，$(1\bar{1}00)$ 晶面可以表示为 $(1\bar{1}0)$ 晶面。其晶面间距 d_{hkl} 和两晶面之间的夹角 φ 可用下面的公式进行计算[7-8]：

$$d_{hkl} = \frac{1}{\sqrt{\frac{\frac{4}{3}(h^2+hk+k^2)}{a^2}+\frac{a^2}{c^2}}} \quad (1.1)$$

$$\cos\varphi = \frac{h_1h_2+k_1k_2+\frac{1}{2}(h_1k_2+h_2k_1+\frac{3}{4}\frac{a^2}{c^2}l_1l_2)}{\sqrt{(h_1^2+k_1^2+h_1k_1+\frac{3}{4}\frac{a^2}{c^2}l_1^2)(h_2^2+k_2^2+h_2k_2+\frac{3}{4}\frac{a^2}{c^2}l_2^2)}} \quad (1.2)$$

1.2 能带结构

晶体结构决定晶体材料的其他各种物理化学性质[6]。图1.2所示为GaN纤锌矿晶体的布里渊区，其正空间仍采用彼此正交的x、y和z坐标轴，因此倒空间K_x、K_y和K_z坐标轴也彼此正交。图1.3给出用第一性原理计算的纤锌矿GaN、AlN和InN布里渊区内沿不同方向的能带结构。对于GaN来说，在Γ点导带达到最低点，价带达到最高点，因而具有直接带隙；导带的第二低能谷为M–L能谷，第三低能谷为A能谷。由于晶体对称性和自旋–轨道耦合相互作用，价带分裂为3个子能带，分别对应为重空穴能带、轻空穴能带和晶格劈裂能带。AlN和InN也具有类似于GaN的能带结构，但AlN的导带第三低能谷为K能谷。

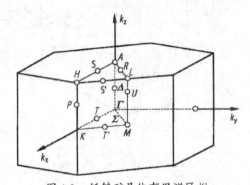

图1.2　纤锌矿晶体布里渊区[6]

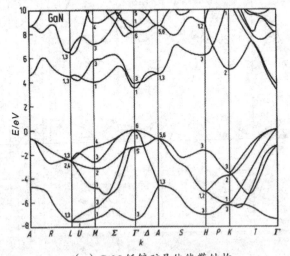

（a）GaN纤锌矿晶体能带结构

图1.3　GaN，AlN和InN纤锌矿晶体能带结构[6]

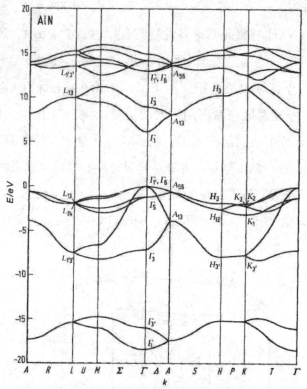

（b）AlN 纤锌矿晶体能带结构

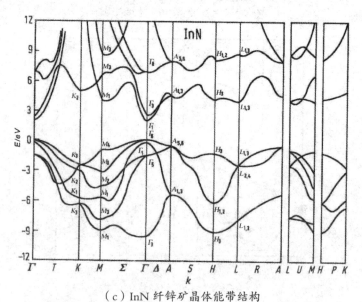

（c）InN 纤锌矿晶体能带结构

图 1.3　GaN、AlN 和 InN 纤锌矿晶体能带结构（续）[6]

Ⅲ族氮化物的纤锌矿结构具有两个晶格常数 a 和 c，以及一个参数 u，其中 a 是六边形面内最近邻原子之间的距离，c 是最近邻的相同六边形面之间的距离。参数 u 定义为最近邻的Ⅲ族原子和 N 原子的距离（即键长）与晶格常数 c 的比值，主要体现晶格形变特征。在理想的纤锌矿结构当中，晶格结构为正四面体，因此 $u=3/8=0.375$。表 1.1 给出了纤锌矿 GaN、AlN 和 InN 材料的常用能带结构参数。

表 1.1 纤锌矿 GaN、AlN 和 InN 材料的能带结构参数（300K）

参　　数	GaN	AlN	InN
晶格常数 a/nm	0.3189	0.3112	0.3545
晶格常数 c/nm	0.5185	0.4982	0.5703
禁带宽度 E_g/eV	3.43	6.04	0.65
禁带宽度的温度特性 $E_g=E_g(0K)-AT^2/(T+B)$/eV	$E_g(0K)=3.47$ $A=7.7\times10^{-4}$ $B=600$	$E_g(0K)=6.13$ $A=1.8\times10^{-3}$ $B=1462$	$E_g(0K)=0.69$ $A=4.1\times10^{-4}$ $B=454$
电子亲和能 /eV	4.1	0.6	5.8
导带有效态密度 N_C/cm^{-3}	2.3×10^{18}	6.3×10^{18}	9×10^{17}
价带有效态密度 N_V/cm^{-3}	4.6×10^{19}	4.8×10^{20}	5.3×10^{19}
电子有效质量	0.2	0.4	0.11
轻空穴有效质量	0.259	0.24	0.27
重空穴有效质量	1.4	3.53	1.63

Ⅲ族氮化物三元合金材料（$A_xB_{1-x}N$）或四元合金材料（$A_xB_yC_{1-x-y}N$）的晶格常数和禁带宽度分别与二元材料的晶格常数和禁带宽度为基准，常采用线性插值法或采用带有二次项偏离的插入法计算得到。

以三元合晶材料为例，其晶格常数 a 和 c 遵循 Vegard 定律，通过一次项线性叠加计算得到，即[7]：

$$a(A_xB_{1-x}N) = xa(AN) + (1-x)a(BN) \quad (1.3)$$

$$c(A_xB_{1-x}N) = xc(AN) + (1-x)c(BN) \quad (1.4)$$

而对于氮化物合金材料禁带宽度的计算，一般要考虑弯曲效应[8]。

$$E_g(A_xB_{1-x}N) = xE_g(AN) + (1-x)E_g(BN) - bx(1-x) \quad (1.5)$$

式中，b 是弯曲系数。b 在不同文献报道中有不同的取值，并且随着实验制备的氮化物晶体质量不断提高，b 值也在不断修正。对 AlGaN 而言，b 值通常取 $0.8\sim 1\text{eV}$。由于含 In 组分的 InAlN 和 InGaN 材料的结晶质量目前还不够理想，所以含 In 组分的氮化物合金材料的弯曲系数具有一定的不确定性。

1.3 缺陷和杂质

Ⅲ族氮化物的缺陷和杂质主要分为以下几种：①天然缺陷与非特意性掺杂杂质；②特意性掺杂杂质；③离子注入产生的缺陷与深能级[9]。

①天然缺陷和非特意性掺杂杂质[10-11]。以 GaN 为例，GaN 中的天然缺陷共有 6 种形态：氮空位 V_N，镓空位 V_{Ga}，反位氮（即镓位氮）N_{ant}，反位镓（即氮位镓）Ga_{ant}，间隙位氮 N_{int} 和间隙位镓 Ga_{int}。GaN 中的非特意性掺杂杂质主要包括：Si，C，O 和 H。图 1.4 所示的是所有 6 种天然缺陷的形成能随费米能级的位置不同而变化的曲线。缺陷形成能的斜率表明电荷态。如果斜率有了变化，则说明由一个电荷态跃迁到了另一个电荷态。刚长成的 GaN 都是 n 型的，很难反型为 p 型。在将近三十年的时间内，人们一直认为氮空位 V_N 是施主的主要来源。在 p 型 GaN 中，氮空位 V_N 有着最低的形成能，而在 n 型情况下，镓空位 V_{Ga} 的形成能是最低的。由以上的研究得知镓空位 V_{Ga} 在 GaN 中有着最低的形成能，因而也就最易产生。因为镓空位 V_{Ga} 是一种受主，所以它将部分地补偿 n 型施主。通常，对刚生成的 n 型 GaN 而言，费米能级位于价带顶以上 3eV 左右，图中显示氮空位 V_N 有着 3eV 以上的形成能，因而不太可能产生。由此，我们相信氮空位 V_N 以及它的天然缺陷不太可能是刚生长的 GaN 的 n 型电导的来源。

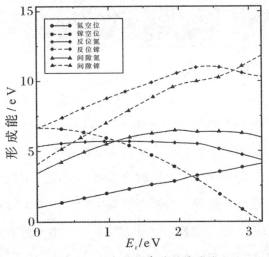

图1.4 GaN晶体中的天然缺陷

摈弃了天然缺陷,则必须找寻n型电导的其他来源。最有可能的是生长过程中导致的非特意掺杂。碳、氧和硅是比较有可能的此类杂质。镓位的碳和硅(C_{Ga}和Si_{Ga})或氮位的氧(O_N)都属于施主。计算结果(见表1.2)显示Si_{Ga}和O_N的形成能远小于C_{Ga}的形成能。所以在刚生长的GaN中,Si_{Ga}和O_N都是极可能的简单施主。从实验的角度,Si是一种常见的非特意性杂质,不仅因为Si易污染生长原料,而且从反应室的石英玻璃壁中也易在高温生长过程中释放出Si。在一个大气压下,O在GaN中的掺杂可以导致非常高的n型电导。在各种不同的生长技术下生长的GaN薄膜都避免不了O的参与。因而它应该是GaN或GaN基n型电导的主要来源之一。近来在研究V_{Ga}与施主O和Si的关系时,发现它们常常相互结合而形成V_{Ga}—O_N和V_{Ga}—Si_{Ga}复合体。对于V_{Ga}—Si_{Ga}复合体,它的形成能仅为0.23eV(正的形成能表明复合体的形成是一个放热过程),远远小于V_{Ga}—O_N的1.8eV,这表明V_{Ga}—O_N比V_{Ga}—Si_{Ga}稳定得多,从电学稳定角度上来理解,在V_{Ga}—O_N复合体中的V_{Ga}和O_N是最近的相邻缺陷,而在V_{Ga}—Si_{Ga}复合体中的V_{Ga}和Si_{Ga}是第二近邻。当费米能级位置升高时,V_{Ga}和V_{Ga}—O_N的形成能迅速地降低,这也说明费米能级越接近于导带,V_{Ga}和V_{Ga}复合体的浓度就越高。而当费米能级远离导带时,V_{Ga}和V_{Ga}复合体的浓度变得很低,这就是2.2eV黄色荧光只能在n型GaN中观测到的原因。

表1.2 n型GaN中的O_N，C_{Ga}和Si_{Ga}的最低形成能

缺陷类型	形成能（eV）	
	富Ga	富N
Si_{Ga}	1.2	2.8
O_N	1.8	2.3
C_{Ga}	6.5	5.4

氢也强烈地影响GaN的性质。诸如MOCVD（金属有机物化学气相沉积）或HVPE（氢化气相外延）等生长技术在生长材料时带来了大量的氢。在p型材料中，氢是一种施主并且与受主形成复合体，因此为了激活受主，常常在材料生长完毕之后进行退火处理，以去掉材料中的氢。氢也能够同材料中的其他杂质和缺陷相互反应。至于GaN中的间隙位的氢，由于形成能很大而不大可能产生。因此主要是研究氢与空位的相互反应。Van de Walle[12]发现这种描述不适用于氮空位的情形。V_N在GaN中被Ga原子包围，从V_N的中心到达Ga原子有1.95Å（1Å=0.1nm）的距离，而Ga-H键长为1.60Å，这样就不允许有一个以上的氢填充入V_N，Ga的相邻V_N中的悬挂键因此强烈地氢化，所以一个氢原子只能座落在V_N的中央，它不与任何相邻的Ga键相连，而只与Ga原子之间保留一个非常浅的势阱。而对于镓空位V_{Ga}，可以容纳1至4个H^+，H—N键长为1.02Å。V_{Ga}—H_n（$n=1\sim4$）复合体的能级随着n的取值增加而从禁带向价带中移动。

②Zn和Mg是Ⅲ族氮化物中两种非常重要的特意性的掺杂杂质[13]。Pankove等[14]于1972年就确立了Zn位于价带顶之上的主要能级为0.57 eV，0.88 eV，1.2 eV和1.72 eV。Amano等[15]于1990年指出Mg位于价带顶之上的能级分别为0.16 eV，0.25 eV，0.36 eV和0.49 eV。V_{Ga}与非特意性施主杂质（如Si_{Ga}、O_N和C_N）形成的复合体是黄色荧光的主要来源，其他的与荧光相关的杂质能级，大多通过光致荧光实验而确定。如表1.3所示。

表1.3 与GaN荧光相关的受主型杂质

掺杂离子	Cd^{2+}	Be^{2+}	Hg^{2+}	Li^{1+}	P^{3-}	As^{3-}
跃迁能量/eV	2.85	2.2	2.9	2.23	2.85	2.58
发光颜色	蓝-紫	黄	蓝-紫	黄	紫	蓝

③由于离子注入产生的缺陷和深能级[16-18]。在离子注入的过程中,通过电学反应和核反应而造成了半导体晶体的损伤。通常在注入的同时加以退火,可在很大程度上消除损伤。但如果损伤太大以致于造成半导体的非晶化,则退火也不能使晶体结构得到完全恢复。对化合物半导体,如果要求注入的掺杂物保持电活性,尤其应当避免注入导致的非晶化。所以,研究各种注入条件以避免非晶化,对于GaN来说是十分重要的。

参考文献

[1]NAKAMURA S,FASOL G.The blue laser diode[M].Berlin:Springer-Verlag,1997.

[2]FENG Z C.Ⅲ-nitride semiconductor materials[M].London:Imperial College Press,2006.

[3]GIL B.Ⅲ-nitride semiconductors and their modern devices[M].Oxford:Oxford University Press,2013.

[4]TAKAHASHI K,YOSHIKAWA A,et al.Wide bandgap semiconductors:Fundamental properties and modern photonic and electronic devices[M].Berlin:Springer-Verlag,2007.

[5]ADACHI S.Ⅳ族、Ⅲ-Ⅴ族和Ⅱ-Ⅵ族半导体材料的特性[M].季振国,译.北京:科学出版社,2009.

[6]MADELUNG O.Semiconductors:Data handbook[M].Berlin:Springer-Verlag,2004.

[7]BOUGROV V,LEVINSHTEIN M E,et al.Properties of advanced semiconductor materials GaN,AlN,InN,BN,SiC,SiGe[M].New York:John Wiley & Sons,2001.

[8]AMBACHER O.Growth and applications of group Ⅲ-nitrides[J].Journal of Physics D:Applied Physics,1998,31(20):2653-2710.

[9]HOLT D B, YACOBI B G.Extended defects in semiconductors: Electronic properties, device effects and structures[M].Cambridge: Cambridge University Press, 2007.

[10]PEARTON S J, ZOLPER J C, et al.GaN: Processing, defects, and devices[J].Journal of Applied Physics, 1999, 86（1）: 1-78.

[11]DAVID A, YOUNG N G, et al.Review-the physics of recombinations in III-nitride emitters[J].ECS Journal of Solid State Science and Technology, 2019, 9（1）: 016021.

[12]VAN DE WALLE C G, NEUGEBAUER J.First-principles calculations for defects and impurities: Applications to III-nitrides[J].Journal of Applied Physics, 2004, 95（8）: 3851-3879.

[13]NAKAMURA S, MUKAI T, et al.Si- and Ge-doped GaN films grown with GaN buffer layers[J].Janpanese Journal of Applied Physics, 1992, 31（9A）: 2883-2888.

[14]PANKOVE J I.Luminescence in GaN[J].Journal of Luminescence, 1973, 7: 114-126.

[15]AMANO H, MASAHIRO K, et al.Growth and luminescence properties of Mg-doped GaN prepared by MOVPE[J].Journal of The Electrochemical Society, 1990, 137（5）: 1639-1643.

[16]PARK C H, CHADI D J, et al.Stability of deep donor and acceptor centers in GaN, AlN, and BN[J].Physical Review B, 1998, 55（19）: 12995-13001.

[17]TANSLEY T L, EGAN R J.Point-defect energies in the nitrides of aluminum, gallium, and indium[J].Physical Review B, 1992, 45（19）: 10942-10950.

[18]PEARTON S J, DEIST R, et al.Review of radiation damage in GaN-based materials and devices[J].Journal of vacuum science & technology A, 2013, 31（5）: 050801.

第二章　GaN量子阱的基本性质

2.1 带阶

GaN与常见的Ⅲ-氮化和物AlN和InN及其合金材料之间所形成的异质结为Ⅰ型异质结，即在异质结交界面上导带和价带能带连接时，较宽禁带材料的导带底高于较窄禁带材料的导带底，而较宽禁带材料的价带顶低于较窄禁带材料的价带顶[1]。在上述异质结中，常常采用一个经验性的带阶比例。例如，AlN/GaN异质结的导带和价带带阶分别占AlN和GaN的禁带宽度差值的73%和27%[2]。GaN/InN异质结的导带和价带带阶分别占GaN和InN的禁带宽度差值的57%和43%[3]。由此得到的异质结界面带阶的理论计算与实验测试结果通常符合得很好，无论是对纯二元半导体异质结还是对含有三元混晶材料AlGaN或InGaN的异质结。此外，根据混晶材料组分的不同，如图2.1所示，含GaN的异质结的导带带阶和价带带阶可在0.9~1.8eV之间连续可调。

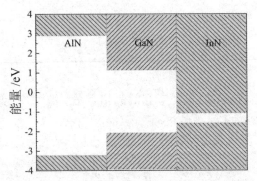

图2.1　AlN、GaN和InN导带和价带带阶示意图

需要说明的是，实验测试结果显示，材料生长顺序不同和沿不同晶面生长都将对 GaN 异质结的界面带阶包括导带带阶和价带带阶都有影响。例如，Martin 等人[4]以 XPS 测得依次在 c 面蓝宝石衬底上生长的 GaN/InN 的价带带阶为 $0.93 \pm 0.25 \mathrm{eV}$，而 InN/GaN 的价带带阶则为 $0.59 \pm 0.24 \mathrm{eV}$。然而，在同一报道当中，AlN/GaN 的价带带阶与 GaN/AlN 的价带带阶都约为 $0.6 \pm 0.2 \mathrm{eV}$。因此，InN 材料（包括合金材料 InGaN 和 InAlN）的生长质量不够高都将影响含 InN 的异质结界面带阶的大小[5]。

2.2 应变

根据弹性力学[6]，纤锌矿晶体中应力和应变的关系可表示为

$$\begin{pmatrix}\sigma_{xx}\\\sigma_{yy}\\\sigma_{zz}\\\sigma_{yz}\\\sigma_{zx}\\\sigma_{xy}\end{pmatrix}=\begin{pmatrix}C_{11}&C_{12}&C_{13}&0&0&0\\C_{12}&C_{11}&C_{13}&0&0&0\\C_{13}&C_{13}&C_{33}&0&0&0\\0&0&0&C_{44}&0&0\\0&0&0&0&C_{44}&0\\0&0&0&0&0&(C_{11}-C_{12})/2\end{pmatrix}\begin{pmatrix}\varepsilon_{xx}\\\varepsilon_{yy}\\\varepsilon_{zz}\\\varepsilon_{yz}\\\varepsilon_{zx}\\\varepsilon_{xy}\end{pmatrix} \quad (2.1)$$

式中出现的 C_{11}、C_{12}、C_{13}、C_{33} 和 C_{44} 均为材料的弹性模量。

①不考虑外应力情况。由纤锌矿量子阱中晶格失配导致的双轴应变可表示为[7]

$$\varepsilon_{xx,j}=\varepsilon_{yy,j}=\frac{a_{eq}-a_j}{a_j} \quad (2.2)$$

而单轴应变为

$$\varepsilon_{zz,j}=\varepsilon_{yy,j}=\frac{c_{eq}-c_j}{c_j} \quad (2.3)$$

式中，a_j 和 c_j 是各层材料（j）未受应变的晶格常数，a_{eq} 和 c_{eq} 则是平衡晶格常数，若忽略机电耦合效应，可表示为[8]

$$a_{eq}=\frac{a_w d_w G_w + a_b d_b G_b}{d_w G_w + d_b G_b} \quad (2.4)$$

或者采用更简单的形式[9]

$$a_{\text{eq}} = \frac{a_w d_w + a_b d_b}{d_w + d_b} \quad (2.5)$$

其中，d_w 和 d_b 分别是阱宽和垒宽。G_j 由下式给出

$$G_j = 2(C_{11,j} + C_{12,j} - 2C_{13,j}^2 / C_{33,j}) \quad (2.6)$$

② 在平面施加双轴外应力情况。利用公式（2.1），可求得单轴应变和双轴应变的关系为

$$\frac{\varepsilon_{zz,j}}{\varepsilon_{xx,j}} = -\frac{2C_{13,j}}{C_{33,j}} \quad (2.7)$$

③ 施加方向单轴应力情况，单轴应变和双轴应变的关系为

$$\frac{\varepsilon_{zz,j}}{\varepsilon_{xx,j}} = -\frac{C_{13,j}}{C_{11,j} + C_{12,j}} \quad (2.8)$$

④ 施加流体静压力情况，即 $\sigma_{xx,j} = \sigma_{yy,j} = \sigma_{zz,j} = p$，则有

$$\frac{\varepsilon_{zz,j}}{\varepsilon_{xx,j}} = -\frac{C_{11,j} + C_{12,j} - 2C_{13,j}}{C_{33,j} - C_{13,j}} \quad (2.9)$$

由于应变的影响，材料的物理参数包括能带结构、有效质量、声子频率和介电常数等都将发生改变。应变导致的压电极化效应将在下一节介绍。

考虑应变对纤锌矿量子阱中各层材料能带结构的影响，其禁带宽度可表示为[10]

$$E_{g,j} = E_{g,j}^0 + [d_{1,j} + b_{1,j}]2\varepsilon_{xx,j} + [d_{2,j} + b_{2,j}]\varepsilon_{zz,j} \quad (2.10)$$

式中，$E_{g,j}^0$ 为无应变的禁带宽度，$d_{1,j}$、$d_{2,j}$、$b_{1,j}$ 和 $b_{2,j}$ 分别为材料的形变势。

相应地，电子平行和垂直于 z 方向的有效质量亦受到应变影响，由以下公式给出[1]

$$\frac{m_{z,//,j}}{m_0} = \left(1 + \frac{E_{p,//j}^z}{E_{g,j}}\right)^{-1} \quad (2.11)$$

式中，m_0 是裸电子静质量或裸电子的静止质量，$E_{p,//j}^z$ 定义为 kp 相互作用能。

一般情况下，人们在计算中忽略空穴（包括轻重空穴）有效质量的应变调制。

事实上，纤锌矿结构的价带也受到应变影响，从而导致空穴的有效质量随应变而改变，我们根据 kp 理论详细计算了价带和空穴有效质量[11]。图 2.2 给出了根据 kp 理论计算的价带和空穴有效质量。图中，HH 表示重空穴带，LH 表示轻空穴带，CH 表示晶格场分裂引起的空穴带。图 2.2~2.4 给出了 GaN 材料价带的典型结构，图 2.5 给出空穴有效质量随应变的变化关系。

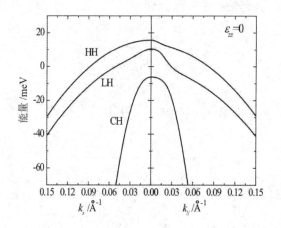

图 2.2　无应变时 GaN 材料的价带结构

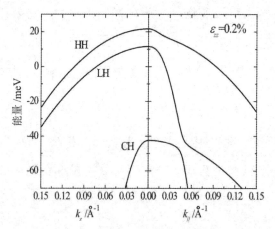

图 2.3　压应变时 GaN 材料的价带结构

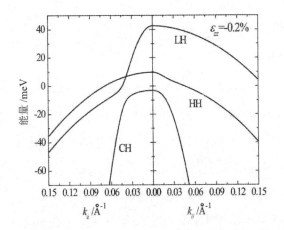

图 2.4 张压应变时 GaN 材料的价带结构

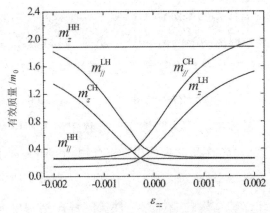

图 2.5 GaN 材料空穴有效质量随应变的变化关系

应变主要通过声子形变势改变声子的频率，由此给出受应变调制的 LO 和 TO 声子频率为[7]

$$\omega_{z,//,k,j} = E_{g,j}^0 + a_{z,//,k,j} \cdot 2\varepsilon_{xx,j} + b_{z,//,k,j} \cdot \varepsilon_{zz,j} \qquad (2.12)$$

式中，下标 k=LO 和 TO 代表 LO 和 TO 声子。$\omega_{z,//,k,j}$ 为无应变的体声子频率，$a_{z,//,k,j}$ 和 $b_{z,//,k,j}$ 分别表示垂直和平行于 z 方向的声子形变势。

在纤锌矿结构中，静态介电常数 $\varepsilon_{0,j}$ 也是随双轴和单轴应变变化的物理量。根据著名的 Lyddane-Sachs-Teller（LST）关系[12]，可求得 $\varepsilon_{0,j}$ 与高频介电常数的关系

$$\varepsilon_{0,z,/\!/,j} = \varepsilon_{0,z,/\!/,j} \left(\frac{\omega_{\text{LO},z,/\!/,j}}{\omega_{\text{TO},z,/\!/,j}} \right)^2 \tag{2.13}$$

2.3 极化电场

无论是闪锌矿还是纤锌矿结构的氮化物晶体，都属于非中心对称晶体，晶体具有极轴。以 GaN 为例，纤锌矿结构的 GaN 的极轴就是 c 轴。沿着平行于 c 轴的两个相反的方向为 [0001] 和 [000-1]。在此方向上，由 Ga 原子形成的原子面和由 N 原子形成的原子面交替排列的双原子层逐层堆积形成晶体，但二者排列顺序不同。沿 [0001] 方向从下往上的排列是 N 原子面在下，Ga 原子面在上，材料表面形成 Ga 面极性；沿 [000-1] 方向从下往上的排列是 Ga 原子面在下，N 原子面在上，材料表面形成 N 面极性。两种极性面不是等价的，具有不同的物理性质和化学性质，在比如与酸和碱的反应、表面吸附、肖特基势垒和异质结界面能带带阶等方面表现出明显的差异[13-14]。此外，材料实际生长中的衬底选择、成核层、生长工艺条件和生长技术等都可能引起材料表面极性发生改变。

由于纤锌矿和闪锌矿晶体没有中心对称性，具有压电极化和自发极化效应。在外加应力条件下，晶体中会因为晶格变形导致正负电荷中心分离而形成偶极矩，偶极矩的相互累加导致在晶体表面出现极化电荷，而表现出压电极化效应。进一步而言，对于氮化物半导体而言，由于Ⅲ族原子和 N 原子之间的化学键具有很强的极性，且纤锌矿结构的晶体对称性比闪锌矿结构更低，在没有应力条件下，正负电荷中心本身也不重合，因此在沿极轴方向存在强烈的自发极化效应。应变引起的压电极化及自发极化在量子阱结构的阱和垒材料中产生强的内建电场，使能带结构发生畸变[15-18]。

对于纤锌矿结构，压电极化与应变之间满足[19]

$$\begin{pmatrix} P_{xx}^{\text{PZ}} \\ P_{yy}^{\text{PZ}} \\ P_{zz}^{\text{PZ}} \end{pmatrix} = \begin{pmatrix} 0 & 0 & 0 & 0 & e_{15} & 0 \\ 0 & 0 & 0 & e_{15} & 0 & 0 \\ e_{31} & e_{31} & e_{33} & 0 & 0 & 0 \end{pmatrix} \begin{pmatrix} \varepsilon_{xx} \\ \varepsilon_{yy} \\ \varepsilon_{zz} \\ \varepsilon_{xy} \\ \varepsilon_{yz} \\ \varepsilon_{zx} \end{pmatrix} \tag{2.14}$$

式中，e_{31}、e_{33} 和 e_{15} 为材料的压电模量。由此可得沿 c 轴方向依次生长的纤锌矿氮化物量子阱的压电极化为[19]

$$P_j^{PZ} = 2e_{31,j}\varepsilon_{xx,j} + e_{33,j}\varepsilon_{zz,j} \qquad (2.15)$$

附录 II 中的表格给出纤锌矿二元化合物如 GaN，AlN 和 InN 的自发极化强度 P_j^{SP}。对于三元混晶材料的自发极化强度，可由构成混晶的两种二元化合物的自发极化强度线性插值获得。Ambacher 等人[20]通过实验研究 AlGa（In）N 合金材料中极化效应，给出了合金材料中自发极化与合金组分的非线性关系，以及大应力条件下压电极化与应变的非线性关系。因此，为精确起见，须考虑自发极化的弯曲因子以便更符合实验。

以 GaN 衬底上生长 $Al_xGa_{1-x}N$ 合金为例，以合金 Al 组分 x 为自变量可得：

$$P_{Al_xGa_{1-x}N}^{PZ} = -0.0525x + 0.0282x(1-x) \qquad (2.16)$$

$$P_{Al_xGa_{1-x}N}^{SP} = -0.09x - 0.034x(1-x) + 0.021x(1-x) \qquad (2.17)$$

对于四元合金 AlInGaN 的自发和压电极化强度，其计算公式为[21]

$$P_{Al_xIn_yGa_{1-x-y}N}^{PZ} = xP_{AlN}^{PZ} + yP_{InN}^{PZ} + (1-x-y)P_{GaN}^{PZ} \qquad (2.18)$$

$$P_{Al_xIn_yGa_{1-x-y}N}^{SP} = xP_{AlN}^{SP} + yP_{InN}^{SP} + (1-x-y)P_{GaN}^{SP} + b_{AlGaN}x(1-x-y)$$
$$+ b_{InGaN}x(1-x-y) + b_{AlInN}xy + b_{AlInGaN}xy(1-x-y) \qquad (2.19)$$

上述公式有关所有二元化合物的压电极化强度都受晶格应变直接影响。计及自发极化和压电极化，应变纤锌矿量子讲中各层材料的内建电场定义为[22-23]

$$F_i = \frac{\sum_j d_j(P_j^{tot} - P_t^{tot})/\varepsilon_{0,j}}{\varepsilon_{0,t}\sum_j d_j/\varepsilon_{0,j}} \quad (t, j = 1, 2, \cdots) \qquad (2.20)$$

式中，d_j 为材料 j 的总厚度，而总极化强度为压电极化和自发极化强度之和

$$P_j^{tot} = P_j^{SP} + P_j^{PZ} \qquad (2.21)$$

我们通过理论建模导出内建电场对多量子阱斜阱斜率（$K_i = eF_i$，e 为电子电量）的影响，并考虑到不同组分、不同主族材料构成的多量子阱之间的差异性，给出定量分析。

固定多量子阱势垒宽度，计算斜率随阱宽变化的依赖关系如图 2.6 至图 2.12 所示。

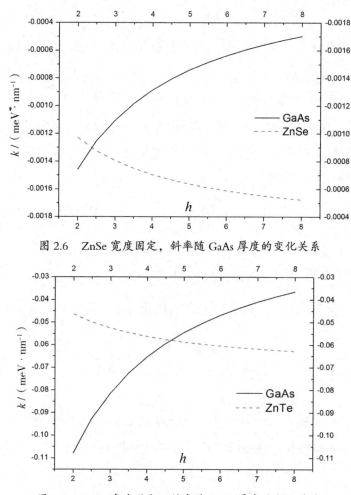

图 2.6　ZnSe 宽度固定，斜率随 GaAs 厚度的变化关系

图 2.7　ZnTe 宽度固定，斜率随 GaAs 厚度的变化关系

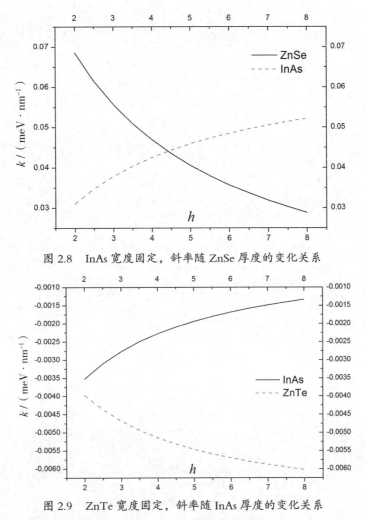

图 2.8　InAs 宽度固定，斜率随 ZnSe 厚度的变化关系

图 2.9　ZnTe 宽度固定，斜率随 InAs 厚度的变化关系

由图 2.6、图 2.7 和图 2.9 可知，在 GaAs 与 ZnSe，GaAs 与 ZnTe，InAs 与 ZnTe 组成的多量子阱结构中，当势垒材料 ZnSe 和 ZnTe 宽度一定时，随着势阱材料 GaAs 和 InAs 的宽度由 2 个晶格长度渐变到 8 个晶格长度，势阱的斜率值递增，而势垒的斜率值也同时受到影响逐渐降低，但斜率值都为负数。由图 2.8 可知，ZnSe 与 InAs 组成的多量子阱结构中，当 InAs 厚度一定时，由于内建电场影响，随着势阱材料 ZnSe 的宽度由 2 个晶格长度渐变到 8 个晶格长度，势阱的斜率值递减，而势垒的斜率值逐渐增加，斜率值都为正值。以上均为Ⅲ-Ⅴ与Ⅱ-Ⅳ族晶体组成的多量子阱结构的斜阱情况。

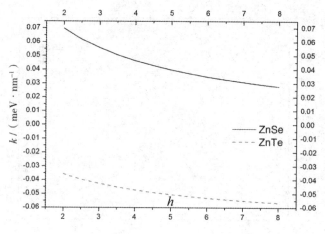

图 2.10 ZnTe 宽度固定，斜率随 ZnSe 厚度的变化关系

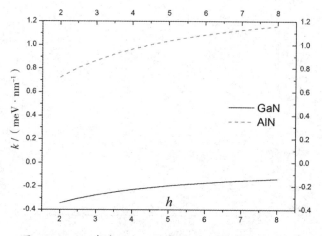

图 2.11 AlN 宽度固定，斜率随 GaN 厚度的变化关系

由图 2.10 给出 ZnTe 宽度固定，阱与垒的斜率值都随 ZnSe 厚度增加逐渐降低，势阱斜率为负值，垒斜率为正值。而图 2.11 固定 AlN 宽度，阱与垒的斜率值都随 GaN 厚度增加而增加，势阱斜率为正值，垒斜率为负值。以上多量子阱是由相邻两层材料属于同一族组成的，如同为Ⅲ-Ⅴ或Ⅱ-Ⅵ族，相邻两层的电场方向相反。此外，图 2.12 给出 Si 宽度固定，斜率随 AlN 厚度的变化情形。

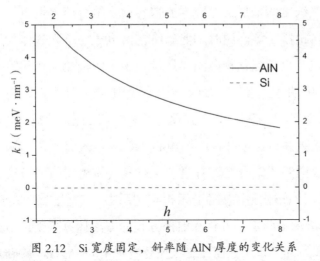

图 2.12 Si 宽度固定，斜率随 AlN 厚度的变化关系

以上结果可知，多量子阱斜率走势和组分有关，同族晶体构成的多量子阱斜率走势是相同的。反之，当固定多量子阱势阱宽度，不断变化势垒，我们会发现斜率的变化趋势和固定势垒，变化势阱正好相反，但同族晶体构成的多量子阱斜率走势仍是相同的。

2.4 电子气屏蔽效应

GaN，AlN 和 InN 等氮化物材料构成的量子阱结构界面附近往往存在由极化引起的自由电子气体和自由空穴气体[24-25]。当具有很强极化效应的氮化物材料构成异质结构时，由于界面晶格不匹配引起的应力使得极化效应更加显著。当存在极化场时，材料体内的正负电荷将沿极化场的方向分离，并聚集在极化场的一端或场强不连续处。因此，异质界面附近成为极化电荷聚集的薄小空间，较小的线度加上较大的电量，将形成局域的强电场和高浓度的低维电子和空穴气体。在 AlGaN/GaN 的异质结构所形成的电子器件中，电荷聚集于界面形成浓度特别高的电子气体，可使器件在没有高掺杂的情况下拥有很高的载流子浓度[26]。这些自由电荷（电子和空穴）不仅屏蔽库仑相互作用和阻碍激子结合[27-29]，而且屏蔽内建电场[30]。实验上也发现在氮化物激光器结构中，高的载流子浓度将有效地屏蔽自发极化和压电极化引起的内建电场[31]。因此，随着自由电荷浓度的增加，屏蔽作用将逐渐拉平由内建电场引起畸变的能带，而体系中电子-空穴气浓度的增加必然影响能带及激子结合能等性质[32-34]。因此在氮化物量子阱中讨论激子等问题时不能忽略自由电子-空穴气体的屏蔽效应。同时屏蔽现象的研究也是氮化物激光器件设备中了解极化电场相关作用的关键。Pikus[28]早在1992年就计算了二维电子气屏蔽影响下量子阱结构中的激子结合能。Bigenwald等[29-30]采用薛定谔方程与泊松方程自洽计算的方法得出电子及空穴的本征波函数并讨论了纤锌矿结构的AlGaN/GaN量子阱结构中激子的屏蔽效应。其结果表明激子结合能随着电子-空穴气体密度的增加呈现出非单调的关系。但他们在计算过程中忽略了无相互作用电子-空穴对的动能。Kalliakos等人[31]通过自洽求解薛定谔方程和泊松方程的方法计算了受到内建电场作用的发光吸收谱电流,并分析了六面体Ⅲ族氮化物如$GaN/Al_xGa_{1-x}N$和$In_yGa_{1-y}N/GaN$量子阱中电子-空穴气体浓度对激发能谱的影响。Sala等人[32]应用紧束缚近似自洽计算法研究了纤锌矿GaN/InGaN量子阱激光器结构中屏蔽对极化电场的影响,并指出氮化物激光器结构存在浓度较高的电荷,因此可以有效地屏蔽自发及压电极化引起的电场。Traetta和Bajaj等人[34-36]均采用了多体模型计算了量子阱结构中的激子结合能。此外,在上述文献中,学者们采用了Pollmann和Büttner[37]导出的电子空穴有效势描述电-声子相互作用,从激子-体声子相互作用的哈密顿量出发给出了量子阱结构中重空穴激子的结合能。

自由电子空穴气的来源主要是掺杂和光照。在单电子近似下,屏蔽效应主要产生泊松静电势和多粒子相互作用影响。

考虑光照产生的电子空穴气的泊松静电势由以下泊松方程给出

$$\frac{\partial \varphi_i(u)}{\partial u} = \frac{q_i \rho(u)}{\varepsilon(u)} \quad (2.22)$$

式中,$\varepsilon(u)$是与材料的选择有关的静态介电常数。等效面电荷密度$\rho(u) = \sigma f(u)$,其中σ是电子气和空穴气的面密度,且$f(u) = \psi_e^2(u) - \psi_h^2(u)$ [29]。

考虑掺杂引起的电子或空穴气的泊松静电势由以下泊松方程给出

$$\frac{d}{dz}\left[\varepsilon(z)\frac{d}{dz}V_H(z)\right] = -e^2(p + N_D - n - N_A) \quad (2.23)$$

式中，$\varepsilon(z)$ 是依赖材料的静电介电常数，$V_H(z)$ 为静电势，p 和 n 分别代表空穴和电子浓度，N_D 和 N_A 分别代表电离施主和电离受主浓度。

另外一项来源于多粒子相互作用影响，称为交换关联势。利用局域密度近似，交换关联势可表示为以下解析式[38]

$$V_{xc}(z) = \frac{e^2}{4\pi^2 \varepsilon_0(z) a_B(z) r_s(z)} \left(\frac{9\pi}{4}\right)^{1/3} \left\{1 + 0.0545 r_s(z) \ln\left[\frac{11.4}{r_s(z)}\right]\right\} \quad (2.24)$$

式中，$r_s(z) = \left\{(3/4\pi)[a_B^3(z) N(z)]^{-1}\right\}^{\frac{1}{3}}$。

此外，隐含的费米能级 E_f 可由如下的体系的电中性条件解得[39]

$$\int_{-\infty}^{+\infty} [N_D^+(z) + p(z) - N_A^-(z) - n(z)] dz = 0 \quad (2.25)$$

2.5 电声子相互作用

通常室温下，若考虑光学声子的影响，需对有效质量近似下的量子阱系统的哈密顿量加以修正，引入自由声子部分

$$H_{ph} = \sum_\beta \sum_{\bar{k}} \hbar \omega_\beta(\bar{k}) a_{\bar{k}}^+ a_{\bar{k}} \quad (2.26)$$

以及电子、空穴与声子的相互作用部分

$$H_{e-ph} = \sum_\beta \sum_{\bar{k}} \Gamma_\beta L_\beta(z) e^{i\bar{q}\bar{\rho}} (a_{\bar{k}} + a_{-\bar{k}}^+) \quad (2.27)$$

以下，给出电子-声子相互作用的形式并加以重点讨论：

上面所列表达式中，$a_{\bar{k}}^+(a_{\bar{k}})$ 表示频率为 $\omega_\beta(\bar{k})$ 和波矢为 $\bar{k}=(\bar{q},k_z)$ 的光学声子的产生（湮灭）算符，β 分别代表量子阱的光学声子模式，例如 IF，CO 和 HS 声子模。这里，对应每一种声子模式，又有可能区分为对称和反对称两种情况。Γ_β 和 $L_\beta(z)$ 表示电-声子相互作用的耦合系数（具体形式见表 2.1~2.4），前者与坐标无关，而后者与坐标相关。需要特别指出的是，对波矢 $\bar{k}$ 的求和需区分如下情况：对于 IF 声子，由于 $k_z=0$ 则 $\sum_{\bar{k}} \Rightarrow \sum_{\bar{q}}$；对于 CO 声子，因 $k_z = k_{1m}$ 则 $\sum_{\bar{k}} \Rightarrow \sum_{\bar{q}} \sum_{k_{1m}}$；对于 HS 声子，则有 $\sum_{\bar{k}} \Rightarrow \sum_{\bar{q}} \sum_{k_{2z}}$ 其中 $k_z = k_{2z}$。

表 2.1 和表 2.2~2.4 分别给出闪锌矿和纤锌矿量子阱中光学声子的色散关系以及电子与它们相互作用的耦合系数。

表 2.1　闪锌矿和纤锌矿量子阱中光学声子的色散关系

	ZB[40]	WZ[41]
IF	对称 $\varepsilon_w \tanh(q\frac{d_w}{2}) + \varepsilon_b = 0$	对称 $\alpha_w \tanh(\beta_w q\frac{d_w}{2}) - \alpha_b = 0$
	反对称 $\varepsilon_w \coth(q\frac{d_w}{2}) + \varepsilon_b = 0$	反对称 $\alpha_w \coth(\beta_w q\frac{d_w}{2}) - \alpha_b = 0$
CO	$\omega = \omega_{LO,w}$	对称 $\frac{1}{2}qd_w = [m\pi + \mu \arctan(\alpha_b / \alpha_w)]/\beta_w, \ m=1,2,3,\cdots$
		反对称 $\frac{1}{2}qd_w = [m\pi - \mu \arctan(\alpha_w / \alpha_b)]/\beta_w, \ m=1,2,3,\cdots$
HS	$\omega = \omega_{LO,b}$	对称 $\frac{1}{2}qd_w = [m\pi - \mu \arctan[\alpha_w / \alpha_b \tanh(\beta_w q d_w)]]/\beta_b, \ m=1,2,3,\cdots$
		反对称 $\frac{1}{2}qd_w = [m\pi + \mu \arctan[\alpha_b / \alpha_w \tanh(\beta_w q d_w)]]/\beta_b, \ m=1,2,3,\cdots$

注：$\alpha_j = \sqrt{|\varepsilon_{//,j} \cdot \varepsilon_{z,j}|}$，$\beta_j = \sqrt{|\varepsilon_{//,j} / \varepsilon_{z,j}|}$，$\mu = \text{sgn}(\varepsilon_{z,w} \cdot \varepsilon_{z,b})$

表 2.2　闪锌矿和纤锌矿量子阱中电子-界面声子相互作用的耦合系数

	ZB[40]	WZ[42]
IF	$\Gamma_{SIF} = \left\{ \dfrac{4\pi e^2 \hbar S^{-1}}{2q\left[\dfrac{\partial}{\partial \omega}\varepsilon_w \tanh(q\dfrac{d_w}{2}) + \dfrac{\partial}{\partial \omega}\varepsilon_b\right]} \right\}^{\frac{1}{2}}$	$\Gamma_{SIF} = \left\{ \dfrac{4\pi e^2 \hbar S^{-1}}{2q\left[\dfrac{\partial}{\partial \omega}\alpha_w \tanh(\beta_w q\dfrac{d_w}{2}) - \dfrac{\partial}{\partial \omega}\alpha_b\right]} \right\}^{\frac{1}{2}}$
	$L_{SIF}(z) = \begin{cases} \dfrac{\cosh(qz)}{\cosh(q\dfrac{d_w}{2})}, & |z| \leq \dfrac{d_w}{2} \\ e^{-q(|z|-\dfrac{d_w}{2})}, & |z| > \dfrac{d_w}{2} \end{cases}$	$L_{SIF}(z) = \begin{cases} \dfrac{\cosh(\beta_w qz)}{\cosh(\beta_w q\dfrac{d_w}{2})}, & |z| \leq \dfrac{d_w}{2} \\ e^{-\beta_b q(|z|-\dfrac{d_w}{2})}, & |z| > \dfrac{d_w}{2} \end{cases}$
	$\Gamma_{AIF} = \left\{ \dfrac{4\pi e^2 \hbar S^{-1}}{2q\left[\dfrac{\partial}{\partial \omega}\varepsilon_w \coth(q\dfrac{d_w}{2}) + \dfrac{\partial}{\partial \omega}\varepsilon_b\right]} \right\}^{\frac{1}{2}}$	$\Gamma_{SIF} = \left\{ \dfrac{4\pi e^2 \hbar S^{-1}}{2q\left[\dfrac{\partial}{\partial \omega}\alpha_w \coth(\beta_w q\dfrac{d_w}{2}) - \dfrac{\partial}{\partial \omega}\alpha_b\right]} \right\}^{\frac{1}{2}}$
	$L_{AIF}(z) = \begin{cases} \dfrac{\sinh(qz)}{\sinh(q\dfrac{d_w}{2})}, & |z| \leq \dfrac{d_w}{2} \\ \mathrm{sgn}(z)e^{-q(|z|-\dfrac{d_w}{2})}, & |z| > \dfrac{d_w}{2} \end{cases}$	$L_{AIF}(z) = \begin{cases} \dfrac{\sinh(\beta_w qz)}{\sinh(\beta_w q\dfrac{d_w}{2})}, & |z| \leq \dfrac{d_w}{2} \\ \mathrm{sgn}(z)e^{-\beta_b q(|z|-\dfrac{d_w}{2})}, & |z| > \dfrac{d_w}{2} \end{cases}$

注：S 代表异质结界面的面积。

表 2.3　闪锌矿和纤锌矿量子阱中电子-局域声子相互作用的耦合系数

ZB[40]	WZ[42]
$\Gamma_{\text{SCO}} = \left\{ \dfrac{4\pi e^2 \hbar S^{-1}}{d_w \dfrac{\varepsilon_{\infty,w} \cdot \omega_{\text{LO},w}}{\omega_{\text{LO},w}^2 - \omega_{\text{TO},w}^2}} \right\}^{\frac{1}{2}} \dfrac{1}{\sqrt{q^2 + k_{m,w}^2}}$	$\Gamma_{\text{SCO}} = \left\{ \dfrac{4\pi e^2 \hbar S^{-1}}{\dfrac{\partial}{\partial \omega}(\varepsilon_{//,w} q^2 + \varepsilon_{z,w} k_{m,w}^2)\dfrac{d_w}{2} - 2q\dfrac{\partial}{\partial \omega}[f_S \cos(k_{m,w}\dfrac{d_w}{2})]} \right\}^{\frac{1}{2}}$
$L_{\text{SCO}}(z) = \begin{cases} \cos(k_{m,w}z), & \|z\| \leqslant \dfrac{d_w}{2} \\ 0, & \|z\| > \dfrac{d_w}{2} \end{cases}$ $k_{m,w} = \dfrac{(2m-1)\pi}{d_w}, m=1,2,3\cdots$	$L_{\text{SCO}}(z) = \begin{cases} \cos(k_{m,w}z), & \|z\| \leqslant \dfrac{d_w}{2} \\ \cos(k_{m,w}\dfrac{d_w}{2})e^{-\beta_b q(\|z\|-\frac{d_w}{2})}, & \|z\| > \dfrac{d_w}{2} \end{cases}$ $k_{m,w}$ 由 $\varepsilon_{z,w} k_{m,w} \sin(k_{m,w}\dfrac{d_w}{2}) - \alpha_b q \cos(k_{m,w}\dfrac{d_w}{2}) = 0$ 及 $\dfrac{2m\pi}{d_w} < k_{m,w} < \dfrac{(2m+1)\pi}{d_w}, m=1,2,3\cdots$ 确定
$\Gamma_{\text{ACO}} = \left\{ \dfrac{4\pi e^2 \hbar S^{-1}}{d_w \dfrac{\varepsilon_{\infty,w} \cdot \omega_{\text{LO},w}}{\omega_{\text{LO},w}^2 - \omega_{\text{TO},w}^2}} \right\}^{\frac{1}{2}} \dfrac{1}{\sqrt{q^2 + k_{m,w}^2}}$	$\Gamma_{\text{ACO}} = \left\{ \dfrac{4\pi e^2 \hbar S^{-1}}{\dfrac{\partial}{\partial \omega}(\varepsilon_{//,w} q^2 + \varepsilon_{z,w} k_{m,w}^2)\dfrac{d_w}{2} - 2q\dfrac{\partial}{\partial \omega}[f_A \sin(k_{m,w}\dfrac{d_w}{2})]} \right\}^{\frac{1}{2}}$
$L_{\text{ACO}}(z) = \begin{cases} \sin(k_{m,w}z), & \|z\| \leqslant \dfrac{d_w}{2} \\ 0, & \|z\| > \dfrac{d_w}{2} \end{cases}$ $k_{m,w} = \dfrac{2m\pi}{d_w}, m=1,2,3\cdots$	$L_{\text{ACO}}(z) = \begin{cases} \sin(k_{m,w}z), & \|z\| \leqslant \dfrac{d_w}{2} \\ \text{sgn}(z)\sin(k_{m,w}\dfrac{d_w}{2})e^{-\beta_b q(\|z\|-\frac{d_w}{2})}, & \|z\| > \dfrac{d_w}{2} \end{cases}$ $k_{m,w}$ 由 $\varepsilon_{z,w} k_{m,w} \cos(k_{m,w}\dfrac{d_w}{2}) - \alpha_b q \sin(k_{m,w}\dfrac{d_w}{2}) = 0$ 及 $\dfrac{(2m-1)\pi}{d_w} < k_{m,w} < \dfrac{(2m+1)\pi}{d_w}, m=1,2,3\cdots$ 确定

注：$f_S = \text{sgn}(\varepsilon_{z,w})\alpha_w \sin(k_{m,w}\dfrac{d_w}{2}) - \text{sgn}(\varepsilon_{z,b})\alpha_b \cos(k_{m,w}\dfrac{d_w}{2})$.

$f_A = \text{sgn}(\varepsilon_{z,w})\alpha_w \cos(k_{m,w}\dfrac{d_w}{2}) + \text{sgn}(\varepsilon_{z,b})\alpha_b \sin(k_{m,w}\dfrac{d_w}{2})$.

表2.4 闪锌矿和纤锌矿量子阱中电子-半空间声子相互作用的耦合系数

	ZB[40]	WZ[42]
HS	$\Gamma_{HS} = \left\{ \dfrac{4\pi e^2 \hbar \Omega^{-1}}{\varepsilon_{\infty,b} \cdot \dfrac{\omega_{LO,b}}{\omega_{LO,b}^2 - \omega_{TO,b}^2}} \right\}^{\frac{1}{2}} \dfrac{1}{\sqrt{q^2 + k_{z,b}^2}}$	$\Gamma_{HS} = \left\{ \dfrac{4\pi e^2 \hbar \Omega^{-1}}{(\dfrac{\partial}{\partial \omega}\varepsilon_{//,b})q^2 + (\dfrac{\partial}{\partial \omega}\varepsilon_{z,b})k_{z,b}^2} \right\}^{\frac{1}{2}}$
HS	$L_{S(A)HS} = \begin{cases} 0, & |z| \leqslant \dfrac{d_w}{2} \\ \text{sgn}(z)\sin[k_{z,b}(|z|-\dfrac{d_w}{2})], & |z| > \dfrac{d_w}{2} \end{cases}$	$L_{SHS}(z) = \begin{cases} \{\varepsilon_{z,b}k_{z,b}\cosh(\beta_w qz)\}/g_S, & |z| \leqslant \dfrac{d_w}{2} \\ \{\zeta_w \sin[k_{z,b}(|z|-\dfrac{d_w}{2})] \\ +\zeta_b \cos[k_{z,b}(|z|-\dfrac{d_w}{2})]\}/g_S, & |z| > \dfrac{d_w}{2} \end{cases}$ $L_{AHS}(z) = \begin{cases} \{\varepsilon_{z,b}k_{z,b}\sinh(\beta_w qz)\}/g_A, & |z| \leqslant \dfrac{d_w}{2} \\ \text{sgn}(z)\{\xi_w \sin[k_{z,b}(|z|-\dfrac{d_w}{2})] \\ +\xi_b \cos[k_{z,b}(|z|-\dfrac{d_w}{2})]\}/g_A, & |z| > \dfrac{d_w}{2} \end{cases}$

注：Ω 表示量子阱结构的体积，

$\xi_w = \alpha_w q \sinh(\beta_w q \dfrac{d_w}{2})$，$\xi_b = \varepsilon_{z,b}k_{z,b}\cosh(\beta_w q \dfrac{d_w}{2})$ 和 $g_S = \sqrt{\zeta_w^2 + \zeta_b^2}$

$\xi_w = \sqrt{\varepsilon_{//,w}\varepsilon_{z,w}}\, q \cosh(\sqrt{\varepsilon_{//,w}/\varepsilon_{z,w}}\, q \dfrac{d_w}{2})$，$\xi_b = \varepsilon_{z,b}k_{z,b}\sinh(\sqrt{\varepsilon_{//,w}/\varepsilon_{z,w}}\, q \dfrac{d_w}{2})$ 和 $g_S = \sqrt{\xi_w^2 + \xi_b^2}$

参考文献

[1]WU J Q.When group-Ⅲ nitrides go infrared: New properties and perspectives[J].Journal of Applied Physics, 2009, 106（1）: 011101.

[2]NARDELLI M B, RAPCEWICZ K, et al.Strain effects on the interface properties of nitride semiconductors[J].Physical Review B, 1997, 55（12）: R7323-R7326.

[3]KING P D C, VEAL T D, et al.Determination of the branch-point energy of InN: Chemical trends in common-cation and common-anion semiconductors[J].Physical Review B, 2008, 77（4）: 045316.

[4]MARTIN G, BOTCHKAREV A, et al.Valence-band discontinuities of wurtzite GaN, AlN, and InN heterojunctions measured by X-ray photoemission spectroscopy[J].Applied Physics Letters, 1996, 68（18）: 2541-2543.

[5]JAIN S C, WILLANDER M, et al.Ⅲ-nitrides: Growth, characterization, and properties[J].Journal of Applied Physics, 2000, 87（3）: 965.

[6]TIMOSHENKO S P, GOODIER J N. 弹性理论 [M]. 徐芝论, 译. 北京: 高等教育出版社, 2013.

[7]WAGNER J M, BECHSTEDT F.Properties of strained wurtzite GaN and AlN: Ab initio studies[J].Physical Review B, 2002, 66（11）: 1152026.

[8]LEPKOWSKI S P.Nonlinear elasticity effect in group Ⅲ-nitride quantum heterostructures: Ab initio calculations[J].Physical Review B, 2002, 75（19）: 195303.

[9]TUCHMAN J A, HERMAN I P.General trends in changing epilayer strains through the application of hydrostatic pressure[J].Physical Review B, 1992, 45(20): 11929-11935.

[10]SHAN W, HAUENSTEIN R J, et al.Strain effects on excitonic transitions in GaN: Deformation potentials[J].Physical Review B, 1996, 54(19): 13460-13463.

[11]BIR G L, PIKUS G E.Symmetry and strained induced effects in semiconductors[M].New York: Wiley, 1974.

[12]CHAVES A S, PORTO S P S.Generalized Lyddane-Sachs-Teller relation[J]. Solid State Communications, 1973, 13(7): 865-868.

[13]STUTZMANN M, AMBACHER O, et al.Playing with polarity[J].Physica Status Solidi B, 2001, 228(2): 505-512.

[14]AMBACHER O.Growth and applications of group III-nitrides[J].Journal of Physics D: Applied Physics, 1998, 31(20): 2653-2710.

[15]PERLIN P, GORCZYCA I, et al.Influence of pressure on the optical properties of $In_xGa_{1-x}N$ epilayers and quantum structures[J].Physical Review B, 2001, 64(11): 115319.

[16]LEPKOWSKI S P, TEISSEYRE H, et al.Piezoelectric field and its influnce on the pressure behavior of the light emission from GaN/AlGaN strained quantum wells[J].Applied Physics Letters, 1999, 79(10): 1483-1485.

[17]QUANG D N, TUOC V N, et al.Roughness-induced mechanisms for electron scattering in wurtzite group-III-nitride heterostructures[J].Physical Review B, 2005, 72(24): 245303.

[18]NIELSEN T R, GARTNER P, et al.Coulomb scattering in nitride-based self-assembled quantum dot systems[J].Physical Review B, 2005, 72(24): 235311.

[19]MORKOC, OZGUR U.Zinc oxide fundamentals, materials and device technology[M].New York: Wiley-VCH, 2009.

[20]AMBACHER O, MAJEWSKI J, et al.Pyroelectric properties of Al（In）GaN/GaN hetero- and quantum well structures[J].Journal of Physics: Condensed Matter, 2002, 14（13）: 3399-3434.

[21]PIPREK J.Nitride semiconductor devices: Principles and simulation[M].New York: Wiley-VCH, 2007.

[22]LEPKOWSKI S P, TEISSEYRE H, et al.Piezoelectric field and its influnce on the pressure behavior of the light emission from GaN/AlGaN strained quantum wells[J].Appled Physics Letters, 1999, 79（10）: 1483-1485.

[23]LEPKOWSKI S P, MAJEWSKI J A.Effects of nonlinear elasticity and electromechanical coupling on optical properties of InGaN/GaN and AlGaN/AlN quantum wells[J].Acta physica polonica A, 2006, 110（2）: 237-242.

[24]IM J S, KOLLMER H, et al.Reduction of oscillator strength due to piezoelectric fields in GaN/Al$_x$Ga$_{1-x}$N quantum wells[J].Physical Review B, 1998, 57（16）: R9435-R9438.

[25]SHIELDS P A, NICHOLAS R J, et al.Observation of magnetophotoluminescence from a GaN/AlxGa1-xN heterojunction[J].Physical Review B, 2002, 65（19）: 195320.

[26]MAYROCK O, WUNSCHE H J, et al.Polarization charge screening and indium surface segregation in （In, Ga）N/GaN single and multiple quantum wells[J].Physical Review B, 2000, 62（24）: 16870-16880.

[27]KLEINMAN D A.Theory of excitons in semiconductor quantum wells containing degenerate electrons or holes[J].Physical Review B, 1985, 32（6）: 3766-3771.

[28]PIKUS F G.Exciton in quantum wells with a two-dimensional electron gas[J].Soviet Physics and Semiconductors, 1992, 26: 26-32.

[29]BIGENWALD P, KAVOKIN A, et al.Exclusion principle and screening of

excitons in GaN/Al$_x$Ga$_{1-x}$N quantum wells[J].Physical Review B, 2001, 63（3）：035315.

[30]BIGENWALD P, KAVOKIN A, et al.Electron-hole plasma effect on excitons in GaN/Al$_x$Ga$_{1-x}$N quantum wells[J].Physical Review B, 2000, 61（23）：15621-15624.

[31]KALLIAKOS S, LEFEBVRE P, et al.Nonlinear behavior of photoabsorption in hexagonal nitride quantum wells due to free carrier screening of the internal fields[J].Physical Review B, 2003, 67（20）：205305.

[32]SALA F D, CARLO A D, et al.Free-carrier screening of polarization fields in wurtzite GaN/InGaN laser structures[J].Applied Physics Letters, 1999, 74（14）：2002-2004.

[33]KLEINMAN D A, MILLER R C.Band-gap renormalization in semiconductor quantum wells containing carriers[J].Physical Review B, 1985, 32（4）：2266-2272.

[34]TRAETTA G, COLI G, et al.Analytical Green's function model for the evaluation of the linear and nonlinear optical properties of the excitons in quasi-two-dimensional systems[J].Physical Review B, 1999, 59（20）：13196-13201.

[35]COLI G, BAJAJ K K.Many-body approach to the calculation of the exciton binding energies in quantum wells[J].Physical Review B, 2000, 61（7）：4714-4717.

[36]SENGER R T, BAJAJ K K.Binding energies of excitons in polar quantum well heterostructures[J].Physical Review B, 2003, 68（20）：205314.

[37]POLLMANN J, BÜTTNER H.Effective Hamiltonians and bindings energies of Wannier excitons in polar semiconductors[J].Physics Review B, 1977, 16（10）：4480-4490.

[38]LI J M, LU Y W, et al.Effect of spontaneous and piezoelectric polarization

on intersubband transition in Al$_x$Ga$_{1-x}$N/GaN quantum well[J].Journal of Vacuum Science & Technology B, 2004, 22（6）: 2568.

[39]MONTEMAYOR R, SALEM L D.Modified Riccati approach to partially solvable quantum Hamiltonians.II.Morse-oscillator-related family[J].Physical Review A, 1991, 44（11）: 7037-7046.

[40]MORI N, ANDO T.Electron-optical-phonon interaction in single and double heterostructures[J].Physical Review B, 1989, 40（9）: 6175-6188.

[41]KOMIRENKO S M, KIM K W, et al.Dispersion of polar optical phonons in wurtzite quantum wells[J].Physical Review B, 1999, 59（7）: 5013-5020.

[42]LEE B C, KIM K W, et al.Optical-phonon confinement and scattering in wurtzite heterostructures[J].Physical Review B, 1998, 58（8）: 4860-4865.

第三章　GaN 量子阱中的电子态

3.1 引言

自 20 世纪 80 年代初开始，一些研究工作者从实验和理论上对外加电场作用下半导体及其低维结构中物理性质进行了广泛的研究。Bastard 等人[1-2]分别利用微扰法和变分法求解了外加电场作用下量子阱的本征问题。Chen 等人[3]用变分波函数的方法研究了外电场时 GaAs/Al_xGa_{1-x}As 量子阱中孤立的类氢杂质的基态束缚能等。Brum 等人[4]研究了电场对 GaAs 量子阱光致荧光效应，发现在一个窄的量子阱上（如阱宽）即使加一个不太强的电场（10～50kV/cm 左右），就可以很灵敏地减小甚至完全焠灭 GaAs/Al_xGa_{1-x}As 量子阱的发光。表明在外加电场作用下，量子阱中的电子和空穴向相反方向位移，波函数的重叠积分减小可引起光跃迁的减小。更主要的是，电场产生的附加势将使量子阱势垒变成了三角势垒，量子阱中的电子或空穴发生强的隧道效应而穿透势垒，隧穿概率决定了量子阱中的电子和空穴态寿命较短，造成了发光强度的焠灭。Miller 等人[5]以宽度为 10nm 左右的量子阱为例，进行了在室温下电场对光吸收效应影响的若干实验。他们发现，在外加电场作用下量子阱中三维激子和二维激子的行为有显著的差异，一个很小的电场（1×10^4V/cm）就可以使三维激子快速电离，而二维激子在电场高达 8×10^4V/cm 时仍可清晰可辨。对三维激子来说，库仑势和电场附加势形成的势垒比量子阱的势垒小得多，因此很容易使三维激子发生电离，而对二维激子，虽然电场能引起电子和空穴在阱中反向移动，但是它们仍被约束在阱中而不易被电离。

内蒙古大学的梁希侠和班士良等人[6-8]对 GaAs 和 $Al_xGa_{1-x}As$ 构成的量子阱（如方量子阱、抛物量子阱）材料的电子行为做了大量的研究工作，给出许多理论计算结果。McGill 等人[9]采用有效质量模型研究了 GaN 材料中杂质态的有效质量和结合能，给出了结合能与有效质量之间的关系。Mireles 等人[10]研究了 GaN 和 AlN 材料中 Be、Mg 等受主杂质的结合能。内蒙古师范大学赵凤岐等[11-13]对氮化物半导体材料构成的方形量子阱和抛物形量子阱中电子态的能级也做过一些理论研究，给出杂质态能量和结合能、极化子能量随量子阱宽度和外场变化的关系。从 1983 年 Smith 等人发现 GaAs 基量子阱中子带间具有能级跃迁以及 1985 年 West 等人发现量子阱中子带间的红外吸收具有很大的振子强度以后，异质结构中带间和带内的电子跃迁也引起了人们的广泛关注。目前，国内外一些研究学者[14-18]对氮化物半导体材料构成的量子阱（以方量子阱为主）、超晶格、异质结等材料的发光和吸收光谱等问题采用各种方法从理论和实验的不同角度研究了低维结构中带隙能量及基态的光跃迁能量。杨景海等人[19]采用电子有效质量近似法和双能级推斥模型计算了 GaInNAs 合金的电子空穴分离的能量及其带隙能，讨论了由应变引起的带隙变化量；刘盛等人[20]和唐田等人[21]均采用一维方势阱模型和能量平衡模型对量子阱激光器结构的子带跃迁波长和应变材料体系在生长时的临界厚度进行了计算，得出在材料结构设计和生长中，采用合适的材料组分及阱宽并对应变的控制是十分重要结果；晏长岭等人[22]采用克龙尼克-潘纳模型计算了 GaInAs/GaAs 应变量子阱的量子化能级，给出了导带第一子带电子到价带第一重空穴跃迁对应的发射波长随阱宽和 In 组分的变化关系，并与实验测量的发射波长进行了比较，基本一致；胡必武等人[23]利用正切平方势把粒子的薛定谔方程化为超几何方程，求解了粒子的本征能量和本征波函数，计算了粒子的带内第一跃迁和带间基态间跃迁能。

近些年，对氮化物材料的特性、应变、屏蔽、外场及温度等方面研究的工作积累，使我们可以更深入地讨论氮化物量子阱结构特征及粒子的运动行为等问题。以往关于氮化物量子阱中粒子（包括电子、杂质态、极化子及激子等）问题的研究尚未考虑（或部分考虑）应变、极化、内建电场及屏蔽等因素的影响。

目前，对外电场下粒子的特性研究已有的工作也主要集中在量子阱中的杂质态和极化子及激子问题上[24-26]，而对异质结中电子和空穴本征态的研究，特别是考虑界面势和自由电子和空穴气屏蔽方面的工作较少。无论杂质态，极化子还是激子的结合能均与电子和空穴的基态能有着密切的关系。因此，有关 GaN 等材料的外电场作用和自由电荷极化电场下电子和空穴的复杂本征问题仍待深入讨论。考虑电子在某一方向受限（比如：应变纤锌矿量子阱的生长方向），记量子阱生长方向为 z 方向，垂直和平行于 z 方向分别用 $/\!/$ 和 z 表示。其运动状态用薛定谔方程描述。众所周知，薛定谔方程中的势函数若与坐标有较复杂的依赖关系，通常只能数值求解。早些年，Salem 和 Montemayor[27-28] 讨论了精确求解、半精确求解和准精确求解的多种势函数。Barclay 等人[29] 在 Shabat[30] 和 Spiridonov[31] 工作的基础上，探讨了可以精确求解的势函数所满足的条件及形式。近年来，也有学者数值求解了复杂势函数下的薛定谔方程。例如，Ban 等人[32] 给出一种可用于任意势如在电场下抛物势双势垒问题的简单数值计算方法，求得了电子的透射系数和共振隧穿时电子的波函数。宫箭等人[33] 采用转移矩阵和数值计算相结合的方法求解含时薛定谔方程并计算了双势垒结构中电子的构建时间和隧穿寿命。李培咸等人[34] 提出一种基于量子微扰理论薛定谔方程的求解算法，导出了 AlGaN/GaN 异质结本征能量和本征波函数的半解析解。Bigenwald[35-36] 和 Kalliakos[37] 均考虑电子 – 空穴气对内电场屏蔽的影响，绘出基态或第一激发态的波形，却未给出能级的计算结果和详细的计算步骤。本章考虑内建电场及电子 – 空穴气的屏蔽效应，通过联立求解代数方程及自洽计算的方法，具体计算出 $GaN/Al_xGa_{1-x}N$ 量子阱中电子与空穴的基态和激发态的能量及相应本征波函数，且给出较为详尽的步骤，以便作为以后工作的参考。并对相应的本征波函数，其中包含势垒的影响、无限势垒的局限性以及电子 – 空穴气、声子的作用等加以分析，得到不同强度的电子 – 空穴气屏蔽下的电子和空穴基态，讨论屏蔽对本征态波形的影响。

3.2 理论计算模型

在有效质量近似下，对于有限深量子阱中的电子 – 空穴气，电子和空穴的本征方程为[35]

$$\left\{-\frac{\hbar^2}{2}\frac{\partial}{\partial z}\left[\frac{1}{m_i(z)}\frac{\partial}{\partial z}\right]+V_i(z)+q_i[F+\varphi_i(z)]z\right\}\psi_i(z)=E_i\psi_i(z) \quad (3.1)$$

式中，下标 $i=$e, h 分别代表电子、空穴；$m_i(z)$ 和 $V_i(z)$ 分别是有效质量和量子阱势；F 和 $\varphi_i(z)$ 分别是内电场和电子－空穴气引起的极化电场；E_i 和 $\psi_i(z)$ 分别是能量本征值和相应的能量本征态。当 $i=$e 或 h 时，q_i 分别取 e 或 $-e$。

（3.1）式中，极化电场由泊松方程给出

$$\frac{\partial \varphi_i(u)}{\partial u}=\frac{q_i\rho(u)}{\varepsilon(u)} \quad (3.2)$$

式中，$\varepsilon(u)$ 是与材料的选择有关的静态介电常数。等效面电荷密度 $\rho(u)=\sigma f(u)$，其中 σ 是电子气和空穴气的面密度，且 $f(u)=\psi_e^2(u)-\psi_h^2(u)$ [35]。需要说明的是我们在 Hartree-Fock 理论近似的框架下考虑电子－空穴气导致的多电子效应，但并不涉及考虑二维电子气（2DEG）的诱导机制比如掺杂注入或光注入等方式。将方程（3.2）两边从 z 到 $z+\mathrm{d}z$ 的小区间进行积分，则有

$$\varphi_i(u)\big|_z^{z+\mathrm{d}z}=q_i\int_z^{z+\mathrm{d}z}\rho(u)\frac{\mathrm{d}u}{\varepsilon(u)} \quad (3.3)$$

$$\varphi_i(z+\mathrm{d}z)-\varphi_i(z)=q_i\sigma\int_z^{z+\mathrm{d}z}f(u)\frac{\mathrm{d}u}{\varepsilon(u)} \quad (3.4)$$

方程（3.4）与文献 [35] 中给出的极化电场计算公式相同。

考虑到有效质量在阱和垒中取不同值，定态薛定谔方程（3.1）可以分别写为

$$\left\{-\frac{\hbar^2}{2m_{i1}}\frac{\partial^2}{\partial z^2}+q_i[F+\varphi_i(z)]z\right\}\psi_i(z)=E_{i1}\psi_i(z) \quad (3.5)$$

$$\left\{-\frac{\hbar^2}{2m_{i2}}\frac{\partial^2}{\partial z^2}+V_{i0}+q_i[F+\varphi_i(z)]z\right\}\psi_i(z)=E_{i2}\psi_i(z) \quad (3.6)$$

式中，下标 1 和 2 分别表示阱和垒材料，选择阱中心为势垒零点，因此 V_{i0} 是势垒高度。

若（3.5）和（3.6）式中的势场记作 $U_i(x)$，则无量纲化后的薛定谔方程有以下统一形式

$$\frac{\mathrm{d}^2 y_i(x)}{\mathrm{d}x^2}+[U_i(x)-E_i]y_i(x)=0 \quad (3.7)$$

方程（3.7）中要求 $y_i(x)$ 及 $\dfrac{1}{m_{ij}}y_i(x)$（$j=1$ 和 2 分别表示阱和垒材料）在边界处连续。对于这类常微分方程的数值积分边值问题，通常有两种方法[38]求解。一种是将边值问题化为初值问题，例如：试算法。但这一方法在两个和两个以上边值不确定时不适用。另一种方法是求解一组联立代数方程的方法。以下我们使用了后者求解方程（3.7）。

具体步骤是用差分形式表示方程（3.7），将方程定义的区间等间距分成 n 等份，在 $n+1$ 个节点上联立求解有限差分方程（代数方程）。

利用二阶中心差分公式将二阶微商化为

$$\frac{d^2 y_i(x)}{dx^2} = \frac{y_{i,k+1} - 2y_{i,k} + y_{i,k-1}}{(\Delta x)^2} \tag{3.8}$$

取步长为 h，则第 k 个节点上满足

$$\frac{y_{i,k+1} - 2y_{i,k} + y_{i,k-1}}{h^2} + (U_{i,k} - E_i)y_{i,k} = 0 \tag{3.9}$$

而从第 2 到第 n 个节点都有差分形式的代数方程

$$\frac{y_{i,1}}{h^2} - \left(\frac{2}{h^2} - U_{i,2} + E_i\right)y_{i,2} + \frac{y_{i,3}}{h^2} = 0$$

$$\frac{y_{i,2}}{h^2} - \left(\frac{2}{h^2} - U_{i,3} + E_i\right)y_{i,3} + \frac{y_{i,4}}{h^2} = 0$$

$$\frac{y_{i,3}}{h^2} - \left(\frac{2}{h^2} - U_{i,4} + E_i\right)y_{i,4} + \frac{y_{i,5}}{h^2} = 0$$

$$\vdots$$

$$\frac{y_{i,n-1}}{h^2} - \left(\frac{2}{h^2} - U_{i,n} + E_i\right)y_{i,n} + \frac{y_{i,n+1}}{h^2} = 0$$

$$\tag{3.10}$$

为求解这个 $n-1$ 个联立的代数方程，可将其写为如下矩阵形式

$$\begin{pmatrix} -\left(\dfrac{2}{h^2}-U_{i,2}+E_i\right) & \dfrac{1}{h^2} & & & \\ \dfrac{1}{h^2} & -\left(\dfrac{2}{h^2}-U_{i,3}+E_i\right) & \dfrac{1}{h^2} & & \\ & \dfrac{1}{h^2} & -\left(\dfrac{2}{h^2}-U_{i,4}+E_i\right) & \dfrac{1}{h^2} & \\ & & & \ddots & \\ & & & \dfrac{1}{h^2} & -\left(\dfrac{2}{h^2}-U_{i,n}+E_i\right) \end{pmatrix} \begin{pmatrix} y_{i,2} \\ y_{i,3} \\ y_{i,4} \\ \vdots \\ y_{i,n} \end{pmatrix} = 0$$

$$\tag{3.11}$$

由于解联立代数方程组（3.11）时，自然满足 $y_i(x)$ 及 $\frac{1}{m_{ij}}y_i(x)$ 连续的条件，故只需定出两个边值。而对本书欲求解的方程，其定义域既含中间的阱又含两边的无限垒，若将边值选在量子阱两边深入垒中较深处，由于各本征态在垒中衰减很快，因此可取 $y_{i,1}=0$ 及 $y_{i,n+1}=0$。

应用迭代法，可将方程（2.2.11）记作

$$(H-EI)Y=0 \tag{3.12}$$

式中，I 是单位矩阵。若要求其收敛于最小本征值，则迭代法应满足以下方程

$$H^{-1}Y=\frac{1}{E}Y \tag{3.13}$$

具体做法是[38]：①先给出一初值向量 $Y_0=(1\ 1\ \cdots\ 1)^{-1}$，计算 $H^{-1}Y_0$ 后，赋给 $\frac{1}{E}Y$。②标准化 $\frac{1}{E}Y$，即用 $\frac{1}{E}Y$ 中第一个分量去除各分量，其中除数为标准化因子。③用标准化后的向量再计算 $H^{-1}Y_0$，再进行标准化。重复②和③迭代，直到两次连续迭代中，先后得到的本征值和本征向量分量的差值满足精度为止。最终的标准化因子 E 就是本征值，而 Y 则为相应的本征态。

求出最小本征值即基态能量之后，可用剔除技术[38]将最小本征值 E_0 去掉，继续用迭代法和剔除技术就可以由小到大相继求出 E_1，$E_2\cdots$ 等各激发态的本征能量及其对应的各级态函数。

对于本书所讨论的具体问题，在阱和垒中本征方程（3.1）分别对应为方程（3.5）和（3.6）。因此 H 可记作

$$H=\begin{pmatrix} H_2 & & \\ & H_1 & \\ & & H_2 \end{pmatrix} \tag{3.14}$$

式中，下标1和2分别对应阱和垒材料。

将以上用到的二阶中心差分公式同样用于方程（2.2.5）和（2.2.6），可得

$$\frac{y_{i,k+1}-2y_{i,k}+y_{i,k-1}}{h^2}+[q_i(C_{i1}F+C_{i2}\varphi_{i,k})k-E]y_{i,k}=0 \tag{3.15}$$

$$\frac{y_{i,k+1}-2y_{i,k}+y_{i,k-1}}{h^2}+[V_{i0}+q_i(C_{i1}F+C_{i2}\varphi_{i,k})k-E]y_{i,k}=0 \tag{3.16}$$

式中，C_{i1} 和 C_{i2} 分别为无量纲系数。再应用类似上面联立求解代数方程的方法就可以得到 H_1 和 H_2。其中，需要进一步做以下计算以求得各个节点上极化电场 $\varphi_{i,k}$。

对于极化电场方程（3.4），等式右端的积分可近似为被积函数 $\dfrac{f(u)}{\varepsilon(u)}$ 在 $z \sim z+h$ 很小区间围成的梯形面积，并将 $z+h$ 处的介电常数近似为 z 处介电常数，则该积分可表示为

$$\int_{z}^{z+h} f(u)\frac{\mathrm{d}u}{\varepsilon(u)} = \frac{1}{2}h\left[\frac{f(z+h)}{\varepsilon(z+h)} + \frac{f(z)}{\varepsilon(z)}\right] \approx \frac{1}{2\varepsilon(z)}h\left[f(z+h) + f(z)\right] \quad (3.17)$$

因此，对于每个节点都能计算 $\varphi_{i,k}$

$$\varphi_{i,k+1} - \varphi_{i,k} = q_i\sigma\frac{1}{2\varepsilon_i}h\left[f_{k+1} + f_k\right] \quad (3.18)$$

式中，$f_k = y_{e,k}^2 - y_{h,k}^2$，$y_{e,k}$ 和 $y_{h,k}$ 分别是电子和空穴本征波函数在第 k 个节点上的值。

自洽计算的算法如图 3.1 所示，具体过程是：①将无电子 - 空穴气屏蔽（即 $\varphi_i(z) = 0$）的势场作为初值代入薛定谔方程求出电子与空穴的一组本征态。②将这些各级本征态代入泊松方程，则得到各级的极化电场 $\varphi_i(z)$。③再计算考虑极化电场 $\varphi_i(z)$ 的薛定谔方程求出新的一组本征态，如此重复直到先后两次计算中极化电场的差值满足精度为止，即完成薛定谔方程和泊松方程的自洽计算。

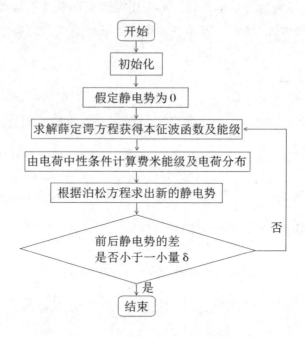

图3.1 自洽求解薛定谔方程和泊松方程的流程图

接下来讨论涉及电声子相互作用的情况。量子阱的坐标如图3.2所示。通常，z轴选取与层状薄膜材料生长方向而x–y平面则平行于界面，坐标原点选在量子阱的中心位置。在此示意图中，阱材料GaN用"1"表示，坐标在$-d/2$到$d/2$之间，垒类材料以AlN为例，用"2"表示，在$-d/2$到$d/2$之外。

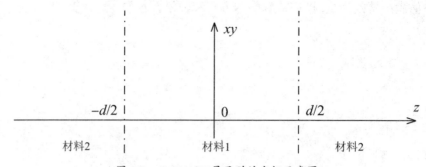

图3.2 GaN/AlN量子阱的坐标示意图

在有效质量近似框架下，考虑电声子相互作用对该量子阱体系中电子态产生的极化子效应的哈密顿量可以写为

$$H = H_e + H_{ph} + H_{e-ph} \qquad (3.19)$$

式中，

$$H_e = \frac{p_\perp^2}{2m_\perp(z)} + \frac{p_z^2}{2m_z(z)} + V(z) \tag{3.20}$$

（3.19）式后两项由第二章中的公式（2.26）和（2.27）给出。

对各项同性的 [001] 取向的闪锌矿量子阱，量子阱中电子有效质量表示为

$$m(z) = \begin{cases} m_1, & |z| \leq d/2 \\ m_2, & |z| > d/2 \end{cases} \tag{3.21}$$

且忽略各向异性，设为 $m_\perp(z) = m_z(z) = m(z)$。

由于带阶导致的量子阱对电子的限制势为

$$V(z) = \begin{cases} 0, & |z| \leq d/2 \\ V_0^{ZB}, & |z| > d/2 \end{cases} \tag{3.22}$$

式中，V_0^{ZB} 为阱和垒材料的导带带阶。声子色散关系和闪锌矿量子阱中电声子相互作用的耦合声子势可见第二章的表2-1至表2-4。

对于各项异性的 [0001] 取向纤锌矿量子阱，有 $m_\perp(z) \neq m_z(z)$ 和 $\varepsilon_\perp(\omega) \neq \varepsilon_z(\omega)$。因此量子阱中电子有效质量表示为

$$m_{\perp,z}(z) = \begin{cases} m_{\perp,z1}, & |z| \leq d/2 \\ m_{\perp,z2}, & |z| > d/2 \end{cases} \tag{3.23}$$

由于带阶导致的量子阱对电子的限制势为

$$V(z) = \begin{cases} -eF_1 z, & |z| \leq d/2 \\ V_0^{WZ} - eF_2 z, & |z| > d/2 \end{cases} \tag{3.24}$$

式中，V_0^{ZB} 即为阱和垒材料的导带带阶。另外，F_i（$i=1$，2）是内建电场，由第二章式（2.20）可以推出为

$$F_1 = \frac{l(P_{PZ,2} + P_{SP,2} - P_{PZ,1} - P_{SP,1})}{l\varepsilon_{0,1} + d\varepsilon_{0,2}} \tag{3.25}$$

$$F_2 = \frac{l(P_{PZ,1} + P_{SP,1} - P_{PZ,2} - P_{SP,2})}{l\varepsilon_{0,1} + d\varepsilon_{0,2}} \tag{3.26}$$

式中，l 和 $\varepsilon_{0,i}$ 分别代表垒的厚度和静态介电常数。$P_{PZ,i}$ 和 $P_{SP,i}$ 分别代表压电极化和自发极化。声子色散关系和纤锌矿量子阱中电声子相互作用的耦合声子

势同样可见第二章的表 2.1 至表 2.4。

为比较起见，闪锌矿和纤锌矿量子阱声子势耦合系数 Γ_λ 和 $L_\lambda(z)$ 的 LO 和 TO 声子频率由 Lyddane–Sachs–Teller 关系加以描述，即：对闪锌矿为 $\varepsilon_i(\omega) = \varepsilon_{i,\infty} \dfrac{\omega^2 - \omega_{iL}^2}{\omega^2 - \omega_{iT}^2}$，对纤锌矿为 $\varepsilon_{i\perp}(\omega) = \varepsilon_{i,\infty} \dfrac{\omega^2 - \omega_{i\perp L}^2}{\omega^2 - \omega_{i\perp T}^2}$，$\varepsilon_{iz}(\omega) = \varepsilon_{i,\infty} \dfrac{\omega^2 - \omega_{izL}^2}{\omega^2 - \omega_{izT}^2}$。若忽略介电常数的各项异性，即 $\varepsilon_\perp(\omega) = \varepsilon_z(\omega) = \varepsilon(\omega)$，那么上述表达式对闪锌矿和纤锌矿量子阱来说是完全一致的。

根据文献 [39]，GaN 体材料的电声子耦合常数被估算为 0.49，处在中间耦合区间。因此我们可以采用由 D.Farias 推导的改进的 LLP 变分方法来计算 GaN/AlN 量子阱中的极化子能量。两次 U 变换写为

$$U_1 = \exp[-i\sum_k \bar{q} \cdot \bar{\rho} a_k a_k^+] \qquad (3.27)$$

$$U_2 = \exp[\sum_k f_\lambda e^{ik_z z} a_k - f_\lambda^* e^{-ik_z z} a_k^+] \qquad (3.28)$$

式中，f_λ 和它的复共轭为变分参数。

考虑电声子相互作用，极化子波函数写为

$$\psi(z) = U_1 U_2 \varphi(z)|0\rangle \qquad (3.29)$$

式中，$|0\rangle$ 为零声子态，而 $\varphi(z)$ 为电子在 z 方向的波函数，可以通过数值求解 z 方向薛定谔方程得到，即求解

$$\left[\dfrac{p_z^2}{2m_z(z)} + V(z)\right]\varphi(z) = E_e \varphi(z) \qquad (3.30)$$

最后，考虑极化子效应后的电子本征能量可以计算为

$$E_{\text{polaron}} = E_e + \Delta E_\lambda \qquad (3.31)$$

式中，极化子能移可以由下式给出

$$E_\lambda = -\sum_k \dfrac{|\Gamma_\lambda|^2 + M_\lambda^2}{\hbar\omega_\lambda + \dfrac{\hbar q^2}{2m_\perp(z)} + \dfrac{\hbar k_z^2}{2m_z(z)}} \qquad (3.32)$$

式中

$$M_\lambda = \langle \varphi(z)|e^{-ik_z z} L_\lambda(z)|\varphi(z)\rangle \qquad (3.33)$$

3.3 极化电场对量子阱中电子和空穴本征态的影响

如前一章所述，GaN基半导体外延层中存在极大的极化效应，此效应会对外延层中的极化电荷和极化感应电场的分布有很大的影响。与传统的Ⅲ-Ⅴ族或Ⅱ-Ⅵ族化合物半导体（如GaAs）相比，GaN或AlN的自发极化可比其大十倍之多，据文献[40]报道，由自发极化在外延层中感生的自发电场强达3MV/cm。另外，AlN外延层的自发极化是GaN的2.8倍，$Al_xGa_{1-x}N$合金的自发极化随其Al组分的增加而增大。因此在$Al_xGa_{1-x}N$/GaN异质界面处存在较大的极化场和极化电荷面密度。对于缓冲层是GaN的高质量全应变的$Al_xGa_{1-x}N$/GaN异质结构，$Al_xGa_{1-x}N$外延层中具有大的压电极化效应，由压电效应在外延层中引起的压电场可达2MV/cm，而在异质界面处引起的极化电荷面密度比$Al_xGa_{1-x}N$/GaAs高五倍以上。并且在$Al_xGa_{1-x}N$外延层中压电极化效应和自发极化效应是相互加强的，这使得$Al_xGa_{1-x}N$/GaN异质界面处的极化场不连续和极化电荷面密度进一步变大。这么大的极化场不连续可以造成异质界面处具有窄阱垒深的三角势阱，这将有利于二维电子气的限制，使得异质界面处具有很高的二维电子气面密度。即使无掺杂也可在$Al_xGa_{1-x}N$/GaN异质界面处形成面密度高达10^3cm^{-2}的二维电子气[41-43]，远远超过其他Ⅲ-Ⅴ族化合物半导体，如此高的二维电子气面密度可以大大提高$Al_xGa_{1-x}N$/GaN HFET等半导体电子器件的性能，也是制作许多实用半导体电子器件的理论基础。

Al组分是调制AlGaN层中的自发极化和压电极化强度的主要因素[16]，我们估计了不同组分对应变（内建电场）产生的影响，如图3.3所示。理论估算GaAlN/GaN量子阱中内建电场的强度F很大，例如对于$x=0.15$，$F\approx450$kV/cm；$x=0.25$时，$F\approx0.99$MV/cm；$x=0.3$时，$F\approx1.2$MV/cm；$x=0.4$时，$F\approx1.4$MV/cm等，但相比于实验值[44]，F的理论计算不是非常理想。一般来说，由于GaN和AlN间大的晶格失配，高质量AlN/GaN HEMT器件中势垒层的Al组分通常不超过0.4，也不小于0.15[16]，因此，我们计算了Al组分小于0.4的情况。计算结果表明：当Al组分$x\leqslant0.3$时，F随x线性增加。这里我们在$x=0.15$和$x=0.3$时分别取$F=450$kV/cm和$F=1.2$MV/cm作为节点，对于$0.15<x$

< 0.3 之间的 F 值我们取为 $x = 0.15$ 和 $x = 0.3$ 两点 F 值的线性插值，与 $F = 5.0x - 0.3$ 拟合较好，此结论与文献 [45] 所得数值相吻合。

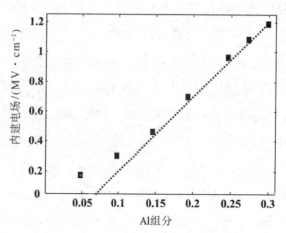

图 3.3　内建电场随 Al 组分变化的关系图

与传统的 $Al_xGa_{1-x}N/GaAs$ 取向为（001）异质结量子阱结构相比，$Al_xGa_{1-x}N/GaN$ 异质结构具有很大的导带偏移量、大的自发极化和压电极化效应等特点。使得 $Al_xGa_{1-x}N/GaN$ 材料具有与 $Al_xGa_{1-x}N/GaAs$ 系统不同的经典和量子行为。当量子阱的垒材料厚度有限时，这种由压电极化和自发极化共同激发引起的内建电场之和在阱与垒中方向相反。图 3.4 和图 3.5 给出了 $Al_xGa_{1-x}N/GaN$ 异质结构的导带和价带结构中电子和空穴的密度分布。由于量子阱结构的阱和垒材料中强内建电场的存在，即使在不加外加电场时，也能使能带结构发生倾斜，势阱由此变窄，势垒增高，导带和价带的带边由无极化效应的方形势变成了三角形势，从而对电子（空穴）的量子限制作用增强，导致了二维电子和空穴气浓度增加且距异质界面的距离相对减小，电子和空穴被束缚于三角阱区内，导致三角部分电子和空穴概率增大。由图可见，在相同的内建电场下，有效质量越大，电子和空穴密度分布偏离的越大。此外，在垒材料无限厚的近似情况下，阱中产生较强的内建电场，而垒中电场可近似为零。

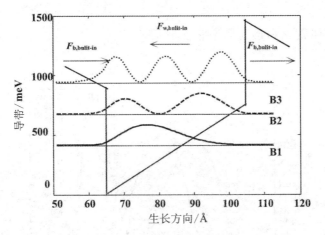

图 3.4　给定内建电场为 1MV/cm，应变 AlGaN/AlN 量子阱中电子基态，第一和第二激发态的本征波函数模平方

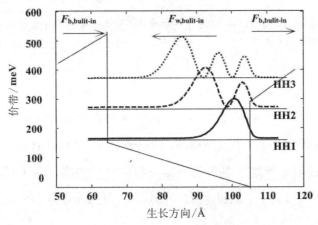

图 3.5　给定内建电场为 1MV/cm，应变 AlGaN/AlN 量子阱中重空穴基态，第一和第二激发态的本征波函数模平方

图 3.6 给出了不同阱宽情形下 $Al_xGa_{1-x}N/GaN$ 异质结量子阱中电子（空穴）的基态本征波函数，与 $Al_xGa_{1-x}N/GaAs$ 异质结量子阱不同。对 $Al_xGa_{1-x}N/GaAs$ 异质结量子阱结构，其内有电子（空穴）的基态波函数是关于阱中心对称的位置坐标的偶函数。也就是说它们在量子阱中心两边具有相同的分布，由于电子（空穴）浓度分布与波函数的模平方成正比，因而此时量子阱中的电子（空穴）浓度分布将关于阱中心对称，此处出现一个概率浓度最大（此时对应一个波峰），随着远离阱中心的位置变化，电子（空穴）出现的浓度逐渐减小。由于考虑有

限深势阱,可知电子与空穴向两边垒中透射,此透射概率随能级的增加而增大,而对无限深势阱则这种透射概率非常小。

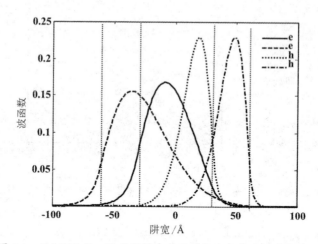

图3.6 GaN/Al$_x$Ga$_{1-x}$N量子阱中电子(空穴)基态的本征波函数

[实线(虚线)和点虚线(点线)分别表示阱宽为60Å和120Å时电子(空穴)基态的本征波函数]

从图3.6可以看出,在Al$_x$Ga$_{1-x}$N/GaN异质结量子阱中,由于非对称性和晶格失配而产生应变极化的影响,电子(空穴)的波函数不再是对阱中心对称的偶函数。极化电场促使电子(空穴)波函数表现出逆(顺)着内电场方向偏离阱中心,波函数峰值向左(右)垒移动,即电子和空穴反方向位移,使得电子(空穴)向垒区的透射率增加。且容易看出,当阱宽增加时,量子尺寸效应也相应减弱,电子与空穴波函数间距离将进一步远离,导致电子-空穴复合率的减小,从而造成量子阱结构发光效率降低。

对于直接带隙半导体的本征跃迁,我们感兴趣的是阱中电子的基态B1($n=1$)和重空穴的基态HH1($n=1$)之间的跃迁,一般情况下此跃迁将决定光电器件的光辐射波长。我们对简化的差分方程组进行数值求解,得出了有无内建电场下阱中电子的基态能量EB1和重空穴的基态能量EHH1与阱宽之间的关系并将其表示在图3.7和3.8中。由图可以看出,不论是否考虑内建电场,电子和重空穴在量子阱中基态能量随阱宽的增大而减小。但与不考虑内建电场相比较,有内建电场时电子(空穴)基态能级随阱宽下降的趋势强于无内建电场,这主要是由于内建电场引起的三角势阱强烈地束缚着电子和空穴。

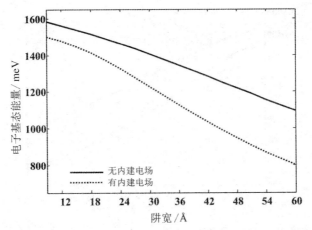

图 3.7 有无内建电场时，应变 GaN/Al$_x$Ga$_{1-x}$N 量子阱内电子基态能量随阱宽的变化关系

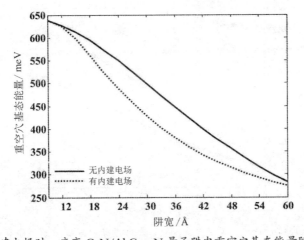

图 3.8 有无内建电场时，应变 GaN/Al$_x$Ga$_{1-x}$N 量子阱内重空穴基态能量随阱宽的变化关系

基于 GaN 基材料具有大的极化效应的特点，我们研究了极化电场对有限深量子阱中带间跃迁的影响。由于量子尺寸效应的存在，量子阱结构的辐射波长对阱层的宽度有一定的依赖性。图 3.9 和图 3.10 分别给出了 AlGaN/GaN 量子阱结构的辐射波长和跃迁能在有无内建电场影响下随阱宽的变化关系。由于内建电场的存在，使得量子阱的能带结构偏移（导带能量下降，价带能量上升）对带间跃迁的影响与没有内建电场如平带情况的量子阱有着显著的区别，与不考虑内建电场时的结果相比较可以看出，内建电场的存在引起量子阱带间跃迁产生的光子能量减小，辐射波长对阱宽的依赖性更大，辐射波长向长波长方向移动。

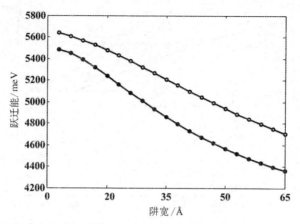

图 3.9　有无内建电场时，应变 GaN/Al$_x$Ga$_{1-x}$N 量子阱跃迁能随阱宽的变化关系

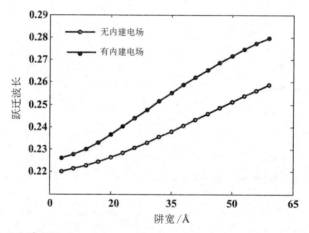

图 3.10　有无内建电场时，应变 GaN/Al$_x$Ga$_{1-x}$N 量子阱跃迁波长随阱宽的变化关系

总结而言，在纤锌矿结构的 GaN 和 Al$_x$Ga$_{1-x}$N 中存在很强的自发极化，而且由于 Al$_x$Ga$_{1-x}$N 和 GaN 之间晶格失配度较高而存在应变诱发压电极化。压电极化和自发极化共同导致在 Al$_x$Ga$_{1-x}$N/GaN 的方向出现 MV/cm 数量级的强内建电场。计算中，应变明显地使量子阱结构变为三角形，量子阱中的有效禁带宽度变窄。取量子阱的结构为 Al$_x$Ga$_{1-x}$N/GaN/Al$_x$Ga$_{1-x}$N，两边的 Al$_x$Ga$_{1-x}$N 厚度和高度为有限，中间层 GaN 为薄层。计算结果表明：①强大的内建电场导致电子、空穴相互分离，分别向相反的方向靠近垒层，界面处二维电子和空穴气浓度增加，并具有显著的隧穿效应。②内建电场随 Al 含量 x 增加而增加，阱区和垒区内建电场方向相反。当垒层趋向无限厚时垒中内场消失。③发光波长随阱层的增加而变长，

与不考虑极化效应时的结果相比较可以看出，极化效应的存在引起了量子阱结构的辐射波长对阱宽有更大的依赖性。④基态能随阱宽增加而递减趋势大于无内建电场。

3.4 电子－空穴气屏蔽影响下应变量子阱中电子和空穴的本征态

前文提及，GaN 和 AlN 等氮化物材料构成的量子阱结构界面附近存在由极化电场感生的自由电子和空穴气体，可使电子器件在没有高掺杂的情况下就具有很高的载流子浓度。由于这些自由电荷（电子和空穴）的存在，不仅可以屏蔽库仑作用势和阻碍电荷移动，而且还屏蔽自发极化和压电极化引起的内建电场。因此，屏蔽效应作用将拉平由内建电场引起的能带弯曲，其影响载流子分布和束缚能级。

下面将着重讨论电子－空穴气屏蔽的影响，利用求解联立代数方程的方法，研究了纤锌矿量子阱中导带和价带子带在屏蔽势场的作用下电子和空穴的本征态等问题。本节将详细地讨论其基态、第一激发态和第二激发态本征能量及相应的各级本征函数，并与无屏蔽的情形进行比较。

为简单起见，我们取内建电场为确定值，选取 $F = 1\text{MV/cm}$，对 $\text{GaN/Al}_x\text{Ga}_{1-x}\text{N}$ 有限深量子阱进行数值计算。计算结果如图 3.11～图 3.14 所示及其说明。

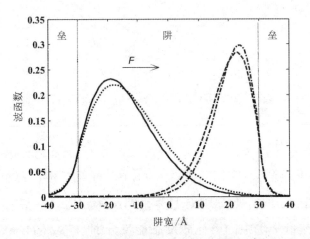

图 3.11　考虑有、无电子－空穴气屏蔽影响下，$\text{GaN/Al}_x\text{Ga}_{1-x}\text{N}$ 有限深量子阱中电子（实线和点线）与重空穴（虚线和点虚线）基态本征波函数.

图 3.11 绘出了电子－空穴气密度为 $1\times10^{14}/m^2$ 时，电子和重空穴在有限深 GaN/Al$_x$Ga$_{1-x}$N 量子阱中的基态本征波函数。在有限深量子阱中，电子（空穴）在 x-y 平面内的运动不受约束，这样在量子阱中形成二维电子－空穴气体，而在 z 方向受到界面势垒和带价弯曲的作用被束缚于势阱内，形成电子和空穴能级。通过计算我们得到在有、无电子－空穴气屏蔽影响下电子和重空穴的基态能量分别为 571.474meV，469.518meV 和 606.317meV，504.121meV。结果表明，自由电子－空穴气屏蔽效应明显减弱了基态的本征能量。图中还可以看到，电子和空穴的基态波函数峰值有所下降（有、无屏蔽效应时，电子和空穴波函数峰值分别为 0.21，0.24 和 0.28，0.30），同时波函数明显向阱中心偏移，但屏蔽对波函数形状的改变影响不大。此时，因电子－空穴气屏蔽的影响，内建电场将受到部分屏蔽，由内建电场引起能带的畸变将随之拉平，从而阻止了电子和空穴向两边的垒靠近。因此，电子与空穴隧穿到垒中的概率也小于未考虑屏蔽效应。

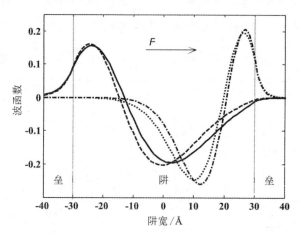

图 3.12　考虑有、无电子－空穴气屏蔽影响下，GaN/Al$_x$Ga$_{1-x}$N 有限深量子阱中电子（实线和虚线）与重空穴（点线和点虚线）第一激发态的本征波函数

图 3.12 绘出了电子－空穴气密度为 $1\times10^{14}/m^2$ 时，有限深量子阱中电子和重空穴的第一激发态的本征波函数。计算得到在有、无电子－空穴气屏蔽效应时，电子和重空穴在量子阱中的第一激发态能量分别为 792.694meV，601.180meV 和 825.259meV，621.788meV。由此我们可以求出在有、无电子－空穴气屏蔽

效应时，第一激发态和基态之间的能级间距依次218.942meV，113.662meV，221.221meV，117.667meV。可见，电子-空穴气不仅屏蔽内建电场，而且对能级间距有着显著影响，即屏蔽效应明显减小能级间距。再者，考虑自由电子-空穴气对电子与空穴屏蔽的作用使得波峰（波谷）向阱中心区移动较为显著，这时，内建电场将受到屏蔽，从而阻止电子和空穴向两边的垒靠近。因此，电子与空穴隧穿到垒中概率减小。同时，波峰和波谷概率幅的差距也有所减小，但幅度不大（考虑屏蔽影响时电子和空穴概率幅为0.38和0.48，未考虑屏蔽时为0.39和0.50）。由图还可以看出：内建电场作用，电子与空穴的波峰和波谷分别向左、右势垒靠近的同时，其奇宇称遭受破坏。电子和空穴受内电场的影响及其对左垒和右势垒隧穿性质与图3.11类似。

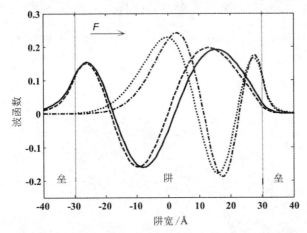

图3.13 考虑有、无电子-空穴气屏蔽影响下，GaN/Al$_x$Ga$_{1-x}$N有限深量子阱中电子（实线和虚线）与重空穴（点线和点虚线）第二激发态的本征波函数.

图3.13绘出了电子-空穴气密度为$1\times10^{14}/m^2$时，量子阱中电子和重空穴的第二激发态的本征波函数。计算得到在考虑有、无电子-空穴气屏蔽时，电子和重空穴第二激发态能量分别为1006.225meV，757.473meV和1018.619meV，856.703meV。可知，第二激发态和第一激发态之间的能级间距依次是213.530meV，156.293meV，234.914meV和193.359meV，同图3.12所得结果变化趋势一致，屏蔽静电势降低了能级间距，对能级的改变比较大，而对波函数形状的影响相对较弱。在仅考虑自由电子-空穴气的屏蔽时，如同闪锌

矿类（如 GaAs/Al$_x$Ga$_{1-x}$As）情形，处于阱中的电子和空穴第二激发态的本征波函数是关于阱中心对称的位置坐标的偶宇称态，如同文献[46]结果，阱区将出现三次概率最大，从左至右依次出现概率幅相等的波峰、波谷和波峰。对有限深势垒，由于能级的升高，第二激发态的电子与空穴波函数向垒中隧穿的程度高于第一激发态情形。同样可以得到，屏蔽效应阻止第二激发态的电子和空穴向两边的垒靠近，使隧穿效应减弱。由图 3.13 可以看出：若同时考虑内建电场和电子–空穴气的屏蔽作用，电子与空穴波函数波峰高低变化，左右移动乃至向势垒区隧穿概率小于未考虑屏蔽效应的情形，与图 3.11 和图 3.12 类似。

结合图 3.11 和图 3.12 可以得出，在有、无电子–空穴气屏蔽影响下，对于同一个子带能级，波函数的分布及其传播趋势是相同的。另外，随着电子（空穴）能级的升高，第一激发态和第二激发态波函数出现了波峰与波谷。内建电场促使波峰（波谷）逐渐向垒区移动的同时，波函数向垒区隧穿的程度也逐渐增强，而且激发态波函数的波峰及波谷处的振幅也不再相等，这种非对称性体现了有限深三角势阱对电子和空穴具有强烈的量子限制效应。

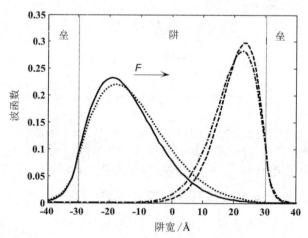

图 3.14　密度分别为 $5\times10^{13}/m^2$ 和 $5\times10^{14}/m^2$ 的电子–空穴气屏蔽影响下的电子（实线和点线）与空穴（点虚线和虚线）基态的本征波函数

图 3.14 绘出密度分别为 $5\times10^{13}/m^2$ 和 $5\times10^{14}/m^2$ 的电子–空穴气屏蔽影响下的电子与空穴基态的本征波函数。由图可以看出，在有限深 GaN/Al$_x$Ga$_{1-x}$N 量子阱中，电子与空穴的基态波函数随着电子—空穴气面密度的增加将逐渐向阱

中心靠近，且波峰峰值下降，隧穿效应减弱，这一现象表明随着电子－空穴气面密度的增加，屏蔽效应增强。其结果导致了内建电场将进一步被削弱，屏蔽效应逐渐拉平了能带弯曲，从而进一步阻止了电子和空穴向两边的垒移动。

总结起来，自洽求解定态薛定谔方程和泊松方程，研究了有限深 GaN/Al$_x$Ga$_{1-x}$N 量子阱的本征问题及其电子－空穴气屏蔽效应，得到了电子和空穴的基态、第一激发态和第二激发态的本征波函数。为了比较，图中给出了有无屏蔽时的两种结果。可以看出，屏蔽因子的引入则使电子（空穴）在 x-y 平面内的运动不受限，而在 z 方向受到界面势垒和带价弯曲的作用从而使之被束缚在 GaN 势阱内。又有内建电场作用，电子和空穴波函数之波峰（谷）将靠近左、右势垒，且隧穿趋势增强，而屏蔽将削弱电场的效应。还发现屏蔽对能级和能级间距的改变显著，使之明显降低；同时在屏蔽效应的影响下，波函数向垒区的隧穿概率有所减小，对波峰向阱中心区移动显著，波峰峰值明显下降，但是对波函数形状的影响较弱。由此可见，在研究半导体异质结构激子、极化子、迁移率等诸多问题时不能忽略自由电子－空穴气的屏蔽效应。此外，电子－空穴气面密度越大屏蔽效应越强。因此，在讨论电子或空穴在量子阱（异质结）中的特性行为问题时，需要计入材料界面处电子和空穴极化而产生的屏蔽效应的影响。

3.5 外电场下应变量子阱中电子与空穴的本征态

本节运用求解联立代数方程的数值计算和自洽求解的方法，考虑异质结中存在的强内建电场，同时计入电子－空穴气屏蔽的影响，在外电场下得到多种势存在的电子（空穴）薛定谔方程，通过求解得出电子（空穴）的本征能量和本征态函数，并分析讨论屏蔽效应、内建电场、外加电场、阱宽及组分对电子（空穴）本征能量及本征波函数的影响。以此为纤锌矿结构的 GaN 及 Al$_x$Ga$_{1-x}$N 材料构成的量子阱中电子（空穴）特征行为问题提供理论参考。

计算中电子－空穴气密度取为 $\sigma = 1 \times 10^{14}$ /cm^2，对应变纤锌矿 GaN/Al$_x$Ga$_{1-x}$N 有限深量子阱的本征问题进行数值计算。计算结果如图 3.15 ~ 图 3.20 所示。

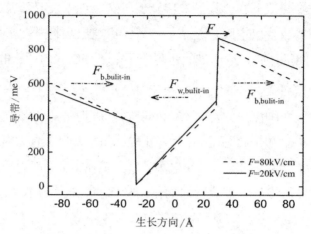

图 3.15　对应于电场强度为 20kV/cm（实线）和 80kV/cm（长虚线）时，应变 GaN/Al$_x$Ga$_{1-x}$N 量子阱能带图

图 3.15 给出电场强度为 20kV/cm 和 80kV/cm 时，有限深应变量子阱 GaN/Al$_x$Ga$_{1-x}$N 能带图。众所周知，Ⅲ族氮化物的晶格常数随其组分的变化非常明显，从而引起异质结构较大的晶格失配，加之半导体结构的非对称性，使得半导体结构中由自发极化和压电极化共同作用所产生的数量级为 MV/cm 的内建电场造成量子阱结构能带弯曲，不再具有如 GaAs/Al$_x$Ga$_{1-x}$AS 量子阱平带结构，即为能带结构发生倾斜，势阱变窄，势垒增高，阱区能带变为三角型，从而对电子（空穴）的量子限制作用增强，导致了二维电子和空穴气浓度增加且距异质界面的距离减小，电子（空穴）被束缚在三角区内，导致三角部分电子（空穴）概率增大。若对量子阱施加外电场，如图 3.15 所示，阱结构的弯曲程度略显平缓，即量子阱阱底放宽，势垒有所下降，这是由于外加电场抵削了部分内建电场，结果导致阱对电子（空穴）量子限制作用有所减弱。由图可以看出，随着外电场强度的不断增加，势阱将逐渐放宽，势垒相应降低，随之对电子（空穴）的束缚作用将逐渐变小。

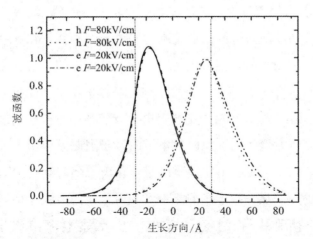

图 3.16 外电场为 20kV/cm 和 80kV/cm，电子（空穴）基态的本征波函数）（实线（点虚线）和长虚线（点线）分别对应在外电场为 20kV/cm 和 80kV/cm 时，电子（空穴）基态的本征波函数）

图 3.16 所示为在内电场作用下，同时考虑外加电场时电子（空穴）基态的本征波函数。由图可以看出，随着外电场增加，电子和空穴之基态波函数向阱中心方向略有移动，隧穿效应将有所减小，波峰峰值相应略显增加，这是由于电子–空穴气将屏蔽内建电场使得电子和空穴向阱中心靠近，而内建电场使电子和空穴反方向靠近势垒，外加电场削弱了内建电场使得势阱对电子和空穴的束缚作用减弱，导致电子和空穴向阱中心移动，屏蔽效应、内建电场、外加电场和量子限制等诸多因素作用平衡的缘故。

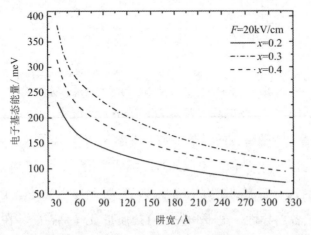

图 3.17 给定外电场为 20kV/cm，Al 组分分别为 $x=0.2$（实线），$x=0.3$（虚线）和 $x=0.4$（点虚线）条件下，电子基态能随阱宽的变化关系

图 3.17 所示为给定外电场（$F=20\text{kV/cm}$）情况下，纤锌矿 GaN/Al$_x$Ga$_{1-x}$N 量子阱中电子基态能随阱宽的函数关系。从图 3.17 可以看出，基态能随阱宽的增大而减小，阱宽较小时，能量随阱宽下降的速度较快，之后变得缓慢，最后趋近于体材料 GaN 的三维值。这一规律与电子在量子阱中受量子限制有关，结合图 3.16 可知，当阱宽较小时，窄阱对电子有较强的量子限制效应，使电子基态能量增大；而阱宽增大时，宽阱对电子的量子限制效应明显减弱，导致电子基态能量降低。由此可见，电子能量的量子化现象随着其空间运动限制尺寸不断减小而变得更加明显，由连续的能带可变为分立的能级，特别是基态能级向下移动，发生红移现象。由图还可以看出，随着垒材料中 Al 组分的增加，电子的基态能增加，此结果是由于增加 Al 组分将导致量子阱垒材料的势垒变高，因此，增强二维特性，量子限制效应增强，电子基态能逐渐增加。

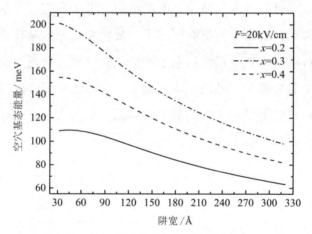

图 3.18　给定外电场为 20kV/cm，Al 组分分别为 $x=0.2$（实线）、$x=0.3$（虚线）和 $x=0.4$（点虚线）条件下，空穴基态能随阱宽的变化关系

图 3.18 所示为给定外电场（$F=20\text{kV/cm}$）情况下，纤锌矿 GaN/Al$_x$Ga$_{1-x}$N 量子阱中空穴基态能随阱宽的函数关系。由图 3.18 可以看出，基态能随阱宽的增大而减小，与图 3.17 类似。不同的是，随阱宽增大，电子基态能下降的速度先快后慢，而空穴基态能随阱宽下降平缓，这种差异主要是由于纤锌矿 GaN 及 AlN 材料结构是各向异性，电子和空穴有效质量及势垒高度等在 GaN 及 AlN 材料中的相应参数取值不同而导致的，此结果与文献 [35] 给出的结论定性一致。

但文献[35]将材料禁带宽度和介电常数取为低温时的结果，并且忽略了阱和垒中有效质量和介电常数的不同，本书则考虑了这些因素，因此，这样的结论更符合实际。

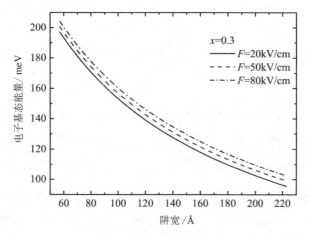

图3.19　给定 Al 组分（$x=0.3$），外电场强度分别为 20kV/cm（实线）、50kV/cm（虚线）和 80kV/cm（点虚线）条件下，量子阱中电子基态能随阱宽变化的曲线关系

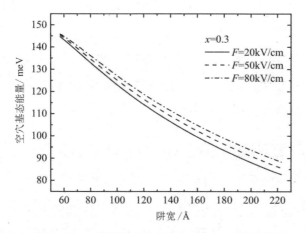

图3.20　给定 Al 组分（$x=0.3$），外电场强度分别为 20kV/cm（实线）、50kV/cm（虚线）和 80kV/cm（点虚线）条件下，量子阱中空穴基态能随阱宽变化的曲线关系

图3.19和图3.20所示为给出了外电场强度取 20kV/cm，50kV/cm 和 80kV/cm 时，量子阱中电子（空穴）基态能随阱宽的变化关系。由图可以看出，20kV/cm，50kV/cm 和 80kV/cm 等不同外电场作用下，电子（空穴）基态能随阱宽的变化趋势是一致的，即随阱宽的增加而逐渐减小。这是由于随着阱宽越来越宽，量子限制效应减弱，导

致基态能级逐渐减小。结果表明,量子阱阱宽的变化将显著影响量子阱中电子(空穴)基态能,而外电场增加使基态能级有所上升,结合图 3.16 可知,这是由于外加电场削弱了阱中强内建电场,使得电子和空穴在阱中束缚作用略微减弱。这一现象反映了不仅阱宽对量子阱中电子(空穴)的能级具有强烈的量子受限特性,而且外电场的增加表现为量子阱对电子和空穴的限制作用下降,基态能随之增加。通过以上几幅图的讨论,可以看出,量子阱对电子和空穴的限制作用对本征态的影响更具有决定意义。

综上所述,本节考虑了电子-空穴气屏蔽的影响,采用常微分方程的数值计算方法,研究了有限深量子阱中电子和空穴的本征能量及其相应的本征态。我们计算得到在考虑强内建电场时,纤锌矿 GaN/Al$_x$Ga$_{1-x}$N 应变量子阱能带结构发生畸变,势阱呈三角型,这一特征行为对电子和空穴的运动具有强烈的束缚作用。当外加电场时,强内建电场受到削弱,同时考虑电子和空穴气对内建电场的屏蔽作用,阱结构的弯曲程度略显平缓,使得电子(空穴)波函数向阱中心方向略有移动,隧穿效应减弱,波峰峰值增加。另外,在考虑受到量子限制、外电场和内建电场及量子限制作用之综合效应的影响,得到电子(空穴)基态能随阱宽的增加而减小,随 Al 组分和电场的增加而增加的结果。此外,在本节基础上,运用剔除技术,继续用迭代法和剔除技术就可以由小到大相继求出各级本征能量及其对应的各级本征函数。

3.6 电声子相互作用对量子阱中电子本征态的影响

下面我们给出闪锌矿和纤锌矿 GaN/AlN 量子阱中电声子相互作用对电子基态产生的极化子能移。这里,闪锌矿导带带阶和价带带阶的比例设为 6 : 4,而纤锌矿的设为 65 : 20[47]。计算结果如图 3.21~图 3.23 所示。

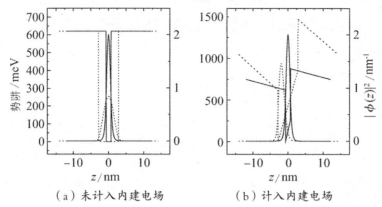

(a) 未计入内建电场 (b) 计入内建电场

图 3.21 GaN/AlN 量子阱结构示意图和基态波函数模方（实线为 $d=0.5a_0$，虚线为 $d=2a_0$）

图 3.21 给出了考虑内建电场和不考虑内建电场的不同阱宽的 GaN/AlN 量子阱结构示意图和基态波函数模方。这里，我们用玻尔半径 $a_0=2.86$nm 作为阱宽的计量单位。由图 3.21（a）可以看出，没有内建电场的窄量子阱中电子波函数朝垒区域的隧穿效应较为强烈，并且波函数都对称的分布在量子阱当中。当阱变宽，量子限制效应增强从而抑制了电子向垒区的隧穿。由图 3.21（b）则看出，内建电场使量子阱的势垒发生倾斜，从而促使电子朝界面处移动而朝垒区的隧穿更容易。即使量子阱的阱宽增大降低了阱里的内建电场而增加了垒里的内建电场。

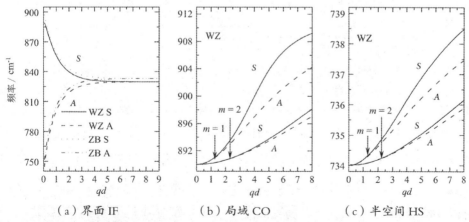

(a) 界面 IF (b) 局域 CO (c) 半空间 HS

图 3.22 GaN/AlN 纤锌矿量子阱中界面 IF、局域 CO 和半空间 HS 声子模式的色散关系（对称和反对称模式分别用实线 S 和虚线 A 予以表示，在（a）图中也用点线和虚点线画出闪锌矿量子阱的 IF 对称和反对称声子模式）

图 3.22 给出了闪锌矿和纤锌矿 GaN/AlN 量子阱的各支声子模式。在这里，我们只给出了高频声子模式。我们发现，闪锌矿量子阱中仅界面 IF 声子模式存在于频率区间 $[\omega_{2T},\omega_{2L}]$ 而纤锌矿量子阱中界面 IF、局域 CO 和半空间 HS 三类声子模式存在的频率区间为 $[\omega_{1L},\omega_{2zL}]$、$[\omega_{1zL},\omega_{1L}]$ 和 $[\omega_{2zL},\omega_{2L}]$。由于各项异性效应的影响，纤锌矿量子阱中界面 IF 声子模式的声子频率略低于纤锌矿中的界面 IF 声子模式。随着 qd 增加，闪锌矿中的对称 IF 界面声子模式的频率逐渐降低到一个极限值 833cm^{-1}，而反对称 IF 界面声子模式的频率则逐渐增加到上述极限值。在纤锌矿中对称和反对称界面声子模式的趋近极限频率为 830cm^{-1}。另外，纤锌矿量子阱中所有的局域 CO 和半空间 HS 声子模式，无论是对称还是反对称支声子模式，都随 qd 增加而从一下限值增加到上限值，随着量子数 m 增加，其频率变弱。

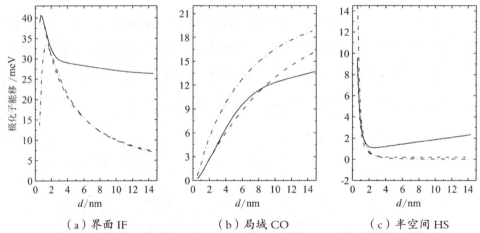

（a）界面 IF　　　　　（b）局域 CO　　　　　（c）半空间 HS

图 3.23　GaN/AlN 纤锌矿和闪锌矿量子阱中的电子极化子能移随阱宽变化关系
（其中考虑内建电场用实线表示，不考虑内建电场用虚线表示，闪锌矿情形用点虚线表示）

图 3.23 给出了 GaN/AlN 量子阱中的电子极化子能移随阱宽变化关系。首先，讨论没有内建电场的闪锌矿和纤锌矿量子阱情形，如图 3.23（a）所示。电子波函数始终对称地分布在量子阱中，在中心处有极大值概率。随阱宽增加，它将在阱区域分布更宽泛，在垒区的遂穿降低。界面 IF 声子势则在界面处有最大值，且迅速在阱和垒区域衰减，并且随阱宽的增加这个极值先增加而后逐渐降低。因此，导致的结果是界面声子引起的极化子能移 ΔE_{IF} 先是从 0 迅速增加

到一个极大值（d 接近 1nm）而后缓慢降低至 0。由于各项异性引起的闪锌矿和纤锌矿量子阱极化子能移在阱宽很小时较为明显，偏离值在 1meV 到 4meV 左右。另外可以看出闪锌矿量子阱中的 ΔE_{IF} 在阱宽 $d<1$nm 处小于纤锌矿量子阱的 ΔE_{IF}，而在 $d>1$nm 处则大于纤锌矿量子阱的 ΔE_{IF}。接下来讨论有内建电场的情况。界面声子引起的极化子能移 ΔE_{IF} 在阱宽 $d>2$nm 缓慢降到 30meV，这是由于电子受内建电场排斥而移向左界面，与界面声子的耦合变得更为有利，并且随阱宽增加则稍微远离界面声子的作用范围。

但是在图 3.23（b）中，局域声子引起的极化子能移 ΔE_{CO} 随阱宽增加则一直增加。我们可以这样来解释，电子波函数随阱宽增加愈加在阱里分布，而局域 CO 声子势则主要以振荡的形式局域在阱里与电子方便耦合，而在垒中则迅速衰减。当 $d>8$nm，由于内建电场使得电子波函数朝左垒靠近和隧穿，降低了电子和局域 CO 声子之间的相互作用，因此考虑内建电场的 ΔE_{CO} 要小于未考虑内建电场的 ΔE_{CO}。而且，在中等宽度量子阱尺寸下，闪锌矿量子阱中的 ΔE_{CO} 比起未考虑内建电场的纤锌矿量子阱中的 ΔE_{CO} 要大一些，表明 z 方向和 x-y 平面的各项异性效应尤其是在准二维情形更为明显。众所周知，半空间 HS 声子在垒中振荡而在阱中宽恕衰减，而电子波函数在阱宽较小时也仅仅只有微乎其微的部分隧穿到垒中。因此，如图 3.22（c）所示，闪锌矿量子阱和不考虑内建电场的纤锌矿量子阱中由半空间声子引起的 ΔE_{HS} 剧烈地降低至 0。有内建电场的作用则会导致波函数朝左界面发生移动而有较多的部分与 HS 声子势发生耦合，从而使得 ΔE_{HS} 随阱宽增加降低到一极小值后还缓慢增加。并且，闪锌矿量子阱中的 ΔE_{HS} 和未考虑内建电场的纤锌矿量子阱中的 ΔE_{HS} 的偏移量非常小，大概只有 1meV 左右。

3.7 小结

本章运用迭代算法自洽求解薛定谔方程和泊松方程，考虑了内建电场、电子-空穴气引起的屏蔽电势以及外加电场和电声子相互作用，研究了纤锌矿 AlGaN/GaN 量子阱中电子和空穴的本征态，详细讨论了内建电场、Hartree 势、外加电场以及量子阱结构（如阱宽、组分）变化对电子（空穴）本征能量、本征波函数以及电子带间跃迁波长的综合影响。

①研究应变对 $Al_xGa_{1-x}N/GaN$ 量子阱结构、载流子分布、电子（空穴）基态能及跃迁波长的影响。结果表明，自发和压电极化产生的极化电场使 GaN/$Al_xGa_{1-x}N$ 量子阱结构倾斜而形成三角势阱，导致电子和空穴分别向不同侧的界面聚积而相互分离，发光效率随之降低。电子(空穴)基态能随阱宽的增大而减小，跃迁波长发生红移。随着内建电场增大或阱宽的增加，红移效应增强。

②考虑自由电子-空穴气的屏蔽效应计算有限深 $Al_xGa_{1-x}N/GaN$ 量子阱中电子和空穴的本征方程，得到电子和空穴的基态、第一激发态和第二激发态波函数和本征能级。与无屏蔽势相比较，结果表明电子-空穴气屏蔽使波函数向势垒区隧穿的概率减小，波峰（波谷）向势阱中心区移动的同时，波峰和波谷概率幅的差距也有所减小。再者，屏蔽明显降低能级和能级间距，且电子-空穴气面密度越大屏蔽效应越强。

③进一步讨论外电场下量子阱中电子（空穴）的本征能量和本征函数。计算结果表明内建电场将受到外加电场的抑制，导致纤锌矿 GaN/$Al_xGa_{1-x}N$ 应变量子阱结构倾斜程度降低。同时，考虑电子和空穴气对内建电场的屏蔽作用，使得电子（空穴）波函数向阱中心方向略有移动，隧穿效应减弱。由于外电场、屏蔽势、内建电场及量子限制作用之综合影响，电子（空穴）基态能随阱宽的增加而减小，随 Al 组分和电场的增加而增加。

④通过 Fröhlich 电声子相互作用哈密顿量以及电子极化子效应，比较闪锌矿和纤锌矿量子阱中的电子态受电声子相互作用的影响。如果不考虑纤锌矿中 z 方向和 x-y 平面的各项异性的影响，纤锌矿和闪锌矿量子阱中的 Fröhlich 电声子相互作用哈密顿量完全是一致的。然而，各向异性导致的界面 IF 声子能移 ΔE_{IF} 在窄阱时较为显著，而局域 CO 声子能移 ΔE_{CO} 则在中等尺寸的量子阱中更明显。另外，由于纤锌矿结构不对称性和应变导致的内建电场由于改变电子波函数的布局而对各支声子模式引起的极化子能移都起到极为重要的作用。

参考文献

[1]BASTARD G, MENDEZ E E, et al.Variational calculations on a quantum well in an electric field[J].Physical Review B, 1983, 28（6）: 3241-3245.

[2]BASTARD G, MENDEZ E E, et al.Exciton binding energy in quantum wells[J].Physical Review B, 1982, 26（4）: 1974-1979.

[3]CHEN C Y, JIN P W, et al.Binding energy or the band poolaron in a quantum well within an electric field[J].Journal of Physics: Condensed Matter, 1992, 4（18）: 4483-4489.

[4]BRUM J A, BASTARD G.Electric-field-induced dissociation of excitions in semiconductor quantum well[J].Physical Review B, 1985, 31（6）: 3893-3898.

[5]MILLER D A B, CHEMLA D S, et al.Electric field dependence of optical absorption near the band gap of quantum-well structures[J].Physical Review B, 1985, 32（2）: 1043-1060.

[6]ZHAO F Q, LIANG X X, et al.Binding Energy of a bound polaron in the finite parabolic quantum well[J].Modern Physics Letters B, 2001, 15（20）: 827-834.

[7]WANG X, LIANG X X.Electron-phonon interaction in ternary mixed crystals[J].Physical Review B, 1990, 42（14）: 8915-8922.

[8]DAVISON S G, LIANG X X.Coupling of interface TO and LO phonons with electrons in quntum well and heterojunctions[J].Solid State Communications, 1992, 84（5）: 581-584.

[9]MCGILL S A, CAO K, et al.Bound-polaron model of effective-mass binding energies in GaN[J].Physical Review B, 1998, 57（15）: 8951-8956.

[10]MIRELES, F ULIOA S E.Acceptor binding energies in GaN and AlN[J].

Physical Review B, 1998, 58(7): 3879-3887.

[11] 赵凤岐, 萨茹拉, 乌仁图雅, 等. 氮化物无限抛物量子阱中极化子能量[J]. 内蒙古师范大学学报(自然科学汉文版), 2005, 34(4): 426-429.

[12] 赵凤岐, 色林花, 萨如拉, 等. 氮化物抛物量子阱中电子-声子互作用对极化子能量的影响[J]. 内蒙古师范大学学报(自然科学汉文版), 2006, 35(4): 419-423.

[13] 红亮, 德布勒夫, 赵凤岐. 纤锌矿 GaN/AlN 无限深量子阱中束缚极化子能量[J]. 内蒙古师范大学学报(自然科学汉文版), 2008, 37(5): 628-631.

[14] PARK S H, CHUANG S L.Comparison of zinc-bende and wurtzite GaN semiconductors with Spontaneous polarization and piezoelectric field effects[J].Journal Applied Physics, 1999, 87(1): 353-364.

[15] MORI N, ANDO T.Electron-optical-phonon interaction in single and double heterostmctures[J].Physical Review B, 1989, 40(9): 6175-6188.

[16] 孔月婵, 郑有炓. Ⅲ族氮化物异质结构二维电子气研究进展[J]. 物理学进展, 2006, 26(2): 127-145.

[17] 谢自力, 张荣, 等. AlxGa1-xN/AlN 超晶格材料特性研究[J]. 功能材料, 2008, 39(5): 727-729..

[18] KONDOW M, KITATANI T, et al.GaInNAs: A novel material for long-wave length semiconductor lasers[J].IEEE Journal of Selected Topics in Quantum Electronics, 1997, 3(3): 719-730.

[19] 杨景海, 杨丽丽, 等. GaInAs/GaAs 量子阱结构基态光跃迁的能量[J]. 半导体学报, 2006, 27(11): 1945-1949.

[20] 刘盛, 张永刚. GaSb/InGaAsSb 量子阱的带间跃迁设计[J]. 功能材料与器件学报, 2008, 14(3): 614-618.

[21] 唐田，张永刚，等.InGaAsSb/AlGaAsSb 量子阱激光器的子带跃迁设计[J]. 半导体光电，2004，25（5）：376-379.

[22] 晏长岭，秦莉，等.GaInAs/GaAs 应变量子阱能带结构的计算[J]. 激光杂志，2004，25（5）：29-31.

[23] 胡必武，罗诗裕，等.正切平方势与量子阱的带内跃迁和带间跃迁[J]. 半导体光电，2007，28（4）：516-519.

[24]SARMA S D, STOPA M.Phonon renomalization effects in quantum well[J]. Physical Review B, 1987, 36（18）：9595-9603.

[25]KASAPOGLUA E, SARI H, et al.Binding energies of shallow donor impurities in different shaped quantum wells under an applied electric field[J].Physica B：Condensed Matter, 2003, 339（1）：17-22.

[26] 赵凤岐，周炳卿.外电场作用下纤锌矿氮化物抛物量子阱中极化子能级[J]. 物理学报，2007，56（8）：4856-4863.

[27]SALEM L D, MONTEMAYOR R.Modified Ricatti approach to partially solvable quantum Hamiltonians: Finite Laurent-type potentials[J].Physical Review A, 1991, 43（3）：1169-1182.

[28]MONTEMAYOR R, SALEM L D.Modified Riccati approach to partially solvable quantum Hamiltonians.II.Morse-oscillator-related family[J].Physical Review A, 1991, 44（11）：7037-7046.

[29]BARCLAY D T, DUTT R, et al.New exactly solvable Hamiltonians: Shape invariance and self-similarity[J].Physical Review A, 1993, 48（4）：2786-2797.

[30]SHABAT A.The infinite-dimensional dressing dynamical system[J].Inverse Problems, 1992, 8（2）：303-308.

[31]SPIRIDONOV V.Exactly solvable potentials and quantum algebras[J]. Physical Review Letters, 1992, 69（3）：398-401.

[32]BAN S L, HASBUN J E, et al.A numerical method for quantum tunneling[J]. 内蒙古大学学报（自然科学版），2000，31（1）：25-29.

[33]宫箭，梁希侠，等.GaAs/AlxGa1-xAs 双势垒结构中电子共振隧穿寿命[J]. 半导体学报，2005，26（10）：1929-1933.

[34]李培咸，郝跃，等.基于量子微扰的 AlGaN/GaN 异质结波函数半解析求解[J]. 物理学报，2003，52（12）：2985-2988.

[35]BIGENWALD P, KAVOKIN A, et al.Exclusion principle and screening of excitons in GaN/Al$_x$Ga$_{1-x}$N quantum wells[J].Physical Review B，2001，63（3）：035315.

[36]BIGENWALD P, KAVOKIN A, et al.Electron-hole plasma effect on excitons in GaN/Al$_x$Ga$_{1-x}$N quantum wells[J].Physical Review B，2001，61（23）：15621-15624.

[37]KALLIAKOS S, LEFEBVRE P, et al.Nonlinear behavior of photoabsorption in hexagonal nitride quantum wells due to free carrier screening of the internal fields[J].Physical Review B，2003，67（20）：205307.

[38]王福明，贺正辉，等.应用数值计算方法[M].北京：科学出版社，1992.

[39]ZHU Y H, SHI J J.Polaron effects due to interface optical-phonons in wurtzite GaN/AlN quantum wells[J].Physica Status Solidi B，2005，242（5）：1010-1021.

[40]BERNARDINI F, FIORENTINI V, et al.Spontanous polarization and piezoelectric constants of III-V nitrdes[J].Physical Review B，1997，56（16）：R10024-R10027.

[41]IM J S, KOLLMER H, et al.Reduction of oscillator strength due to piezoelectric fields in GaN/Al$_x$Ga$_{1-x}$N quantum wells[J].Physical Review B，1998，57（16）：R9435-R9438.

[42]SHIELDS P A, NICHOLAS R J, et al.Observation of magnetophoto lumenescence from a GaN/Al$_x$Ga$_{1-x}$N heterojunction[J].Physical Review B, 2002, 65 (19): 195320.

[43]MAYROCK O, WUNSCHE J, et al.Polarization charge screening and indiun surface segregation in (In, Ga) N/GaN single and multiple quantum wells[J].Physical Review B, 2000, 62 (24): 16870-16880.

[44]LEPKOWSKI S P, TEISSEYRE H, et al.Piezoelectric field and its influence on the pressure behavior of the light emission from GaN/AlGaN strained quantum wells[J].Applied Physics Letters, 2001, 79 (10): 1483-1485.

[45]MONEMAR B, POZINA G.Group III-nitride based hetero and quantum structures progress in quantum electronics[J].Progress in Quantum Electronics, 2000, 24 (6): 239-290.

[46]哈斯花, 班士良. 电子－空穴气屏蔽影响下有限深量子阱中电子与空穴的本征态[J]. 内蒙古大学学报（自然科学版）, 2007, 38 (3): 272-277.

[47]NARDELLI M B, RAPCEWICZ K, et al.Strain effects on the interface properties of nitride semiconductors[J].Physical Review B, 1997, 55 (12): R7323-R7326.

第四章　GaN量子阱中的类氢杂质态

4.1 引言

就我们所知，有关掺杂调制量子阱中浅杂质态的研究已有很多文献报道。有学者[1-4]采用变分法计算晶格匹配较好的传统闪锌矿 GaAs/Al$_x$Ga$_{1-x}$As 量子阱中类氢杂质的基态结合能，讨论阱宽和 Al 组分对结合能的影响。另有不少学者[5-9]就远离中心处杂质问题进行讨论，得出固定阱宽的量子阱中杂质结合能随杂质位置的变化关系。双阱结构因在光电子器件领域的潜在应用亦同样受到关注。Chen 等人[10]讨论了两边垒无限厚的 GaAs/Al$_x$Ga$_{1-x}$As 对称双量子阱中类氢杂质结合能随杂质位置、势垒高度、阱宽和中间势垒宽度的依赖关系。对于外加磁场影响下掺杂耦合双量子阱，Nguyen 等[11-13]利用透射电子显微镜测量阱中类氢杂质基态和第一激发态的结合能，并通过变分法做了理论验证。Cen 等[14]就非对称耦合双量子阱中局域类氢杂质态的电场和磁场影响进行了数值计算，讨论两个阱的相对尺寸变化对杂质结合能的影响。Yen[15]进一步考虑混合子带效应，给出不同种类耦合双量子阱中杂质系统的 1s 和 2p$_0$ 态结合能随杂质位置的变化关系。Raigoza 等[16-17]探讨了单轴应力和流体静压力作用下两边垒取无限厚时，对称双量子阱中的浅施主杂质态结合能。Kasapoglu 等[18-20]针对不同几何形状的双量子阱比如三角形、梯形、方形和抛物形双量子阱等中的施主杂质态做了一系列工作，分别讨论量子阱结构、形状、流体静压力和外加电场等因素的影响。但是，上述研究仅仅涉及晶格结构较为简单的闪锌矿材料，有关应变调制的纤锌矿量子阱中杂质态的研究却鲜有报道。

近年来，Morel 等[21]计入内建电场的影响，给出 GaN/Al$_x$Ga$_{1-x}$N 纤锌矿量子阱中杂质态结合能的计算结果，比较了有无内建电场作用下杂质结合能随阱宽和杂质位置的变化趋势。Liu 等[22]理论计算了 GaN/AlN 量子阱中内建电场对束缚极化子量子能级的影响。但是，在他们的计算中，忽略了垒中的内建电场并假定阱中内建电场的强度为 9.4MV/cm。事实上，不少文献报道内建电场强烈依赖于量子阱中各层材料的厚度以及组分[23-26]。Zhang 等[27-28]考虑应变对材料参数的修正，利用变分法讨论了纤锌矿 GaN/Al$_x$Ga$_{1-x}$N 单异质结中浅杂质在界面附近的斯塔克效应。但是，在上述有关纤锌矿异质结构杂质态的研究中，较少有人关注量子阱的边势垒，特别是不对称的边垒结构对杂质态的影响，而通常选取左右势垒一致或者直接假设为无限厚。基于第二章应变对参数的调制和第三章有关电子本征态的计算，我们在本章中采用变分法研究纤锌矿 Al$_x$Ga$_{1-x}$N/GaN/Al$_y$Ga$_{1-y}$N 单量子阱和 GaN/Al$_x$Ga$_{1-x}$N 双量子阱中的类氢浅施主杂质态（主要为非对称量子阱结构），详细讨论基态杂质结合能随量子阱尺寸（阱宽、垒宽和组分）和杂质位置的变化关系。

4.2 理论计算模型

选取量子阱生长方向沿纤锌矿 c 轴，并与界面垂直。如第三章图 3.2 所示，设坐标系原点在量子阱中心位置，z 轴平行于 c 轴而 x-y 平面平行于界面，但将图中的阱宽值 d 重新定义为 d_W，以便区分在非对称量子阱情况下的厚度值。

假设杂质位置在 $(0, 0, z_0)$ 处，考虑各向异性有效质量近似，电子-类氢杂质系统的哈密顿量在柱坐标系下可表示为

$$H = H_z + H_{x-y} + H_C \quad (4.1)$$

式中，动能项为

$$H_z = -\frac{\hbar^2}{2}\frac{\partial}{\partial z}\left[\frac{1}{m_z(z)}\right] + V(z) - eF(z) \quad (4.2)$$

$$H_{x-y} = -\frac{\hbar^2}{2m_{//}(z)}\frac{1}{\rho}\frac{\partial}{\partial \rho}\rho\frac{\partial}{\partial \rho} \quad (4.3)$$

库仑项为

$$H_C = -\frac{e^2}{\varepsilon_0(z,z_0)\sqrt{\rho^2+(z-z_0)^2}} \tag{4.4}$$

式（4.2）和（4.3）中，$m_z(z)$ 和 $m_{//}(z)$ 分别表示与位置有关的平行和垂直于 z 方向的电子有效质量。当电子出现在阱中时，取阱材料有效质量，而在垒中时，则取垒材料有效质量。$F(z)$ 是内建电场，$V(z)$ 代表势垒高度，并假设导带和价带带阶的比例为 65：20[29]。式（4.4）中，z 是电子在 x–y 平面的径向坐标。

我们采用变分法计算该系统基态，选取含一个变分参数 λ 的变分波函数如下[21]

$$\psi(z,\rho) = A\phi(z)\varphi(z,\rho) \tag{4.5}$$

式中

$$\varphi(z,\rho) = \sqrt{\frac{1}{2\pi}}\lambda \mathrm{e}^{-\frac{\lambda}{2}\rho} \tag{4.6}$$

上述变分波函数忽略了 z 方向电子和杂质之间的耦合，还可将变分波函数选为[2]

$$\varphi(z,\rho) = \mathrm{e}^{-\lambda\sqrt{\rho^2+(z-z_0)^2}} \tag{4.7}$$

电子在 z 方向的基态能和本征波函数由薛定谔方程可利用第三章介绍的有限元差分法数值求解，即

$$H_z|\phi(z)\rangle = E_z|\phi(z)\rangle \tag{4.8}$$

从而，可获得杂质态基态变分能量

$$E(\lambda) = \langle \psi(z,\rho)|H|\psi(z,\rho)\rangle \tag{4.9}$$

杂质基态结合能则为

$$E_b = E_z - \min E(\lambda) \tag{4.10}$$

4.3 单量子阱情形

在数值计算过程中，我们以 GaN 材料电子有效玻尔半径 a_B 作为长度单位和

R_y 有效里德伯能量为能量单位。计算中所用到的材料参数见附录Ⅱ。图 4.1 给出典型的单量子阱导带示意图。

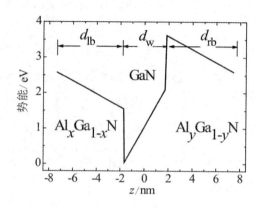

图 4.1　$Al_xGa_{1-x}N/GaN/Al_yGa_{1-y}N$ 量子阱导带示意图

利用变分波函数（4.6）式，我们数值计算了 $Al_xGa_{1-x}N/GaN/Al_yGa_{1-y}N$ 量子阱中施主杂质结合能。设杂质位置在阱中心位置即原点，并且固定左垒 Al 组分为 0.3 和垒宽 $d_{lb}=3a_B$，杂质态结合能 E_b 随阱宽 d_w 的依赖关系由图 4.2 给出。我们讨论如下三种情形，即：① $y=0.3$ 和右垒宽度 $d_{rb}=3a_B$，② $y=0.3$ 和 $d_{rb}=4a_B$ 以及③ $y=0.2$，$d_{rb}=3a_B$。由图可见，在上述三种情况下，当减小阱宽，E_b 都先缓慢增加到最大值处而后降低。若取非对称垒情形，尤其在阱比较窄时，右垒宽度的变化对 E_b 的影响较右垒组分的变化要小得多。这可归结为内建电场导致的电子 z 电子波函数隧穿进入右垒的结果。尽管由于内建电场的作用，电子波函数主要分布在阱中居左的区域，仍有一部分因垒中反向电场的排斥而隧穿至右垒中，但其隧穿并不足够深。其结果是，右垒宽度对 E_b 的影响相对较小。当减小右垒中 Al 组分，右垒势高度降低，因而电子波函数容易隧穿到右垒中导致 E_b 增加。当然，若阱宽足够大，电子波函数则很难隧穿到垒中，此时可忽略边垒对杂质态结合能的影响。

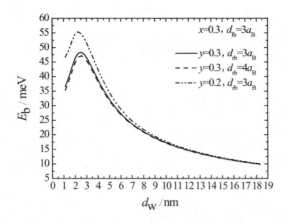

图 4.2　不同垒宽 $Al_xGa_{1-x}N/GaN/Al_yGa_{1-y}N$ 单量子阱中结合能随阱宽的变化关系

在图 4.3 中，我们给出当杂质位于不同位置时，结合能 E_b 随阱宽 d_w 的变化关系。由图发现，当杂质在 $z_0=0$ 和 $z_0=0.5d_w$ 时，两条曲线基本上定性一致。可是，由于电子和杂质之间的平均距离拉大，当杂质位于右界面处时 E_b 取值偏小，此现象尤以窄阱情形为甚。而减小右垒 Al 组分，对应的势垒高度降低，两种情形的 E_b 都增加。这是右垒中电子波函数隧穿增强所致。若杂质位置在左界面处，则 E_b 随阱宽变化并不明显，但其取值仍明显大于前两种情形。随着阱变宽，电子出现在量子阱右侧的概率增加，结合能相应减小。我们还发现，若阱宽很大时，杂质位于左界面处的 E_b 在 $x>y$ 情形下较在 $x=y$ 情形下的结果略小。

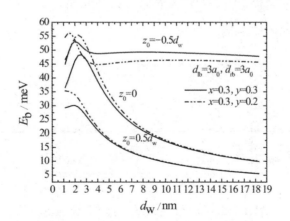

图 4.3　不同杂质位置 $Al_xGa_{1-x}N/GaN/Al_yGa_{1-y}N$ 单量子阱中结合能随阱宽的变化关系

由图 4.4 可见，结合能 E_b 随杂质位置 z_0 的变化曲线形如电子基态波函数在 z 方向的空间分布。随着杂质移动到垒区域，E_b 因电子和杂质之间的库仑作用变弱而逐渐减小。另外发现，由于内建电场促使电子从阱中心处移向阱的左边，使 E_b 峰值位置略朝阱左边移动。当左垒中 Al 组分少于右垒时，因左垒中电子出现概率增加导致 E_b 降低。

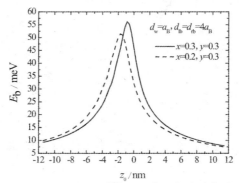

图 4.4　$Al_xGa_{1-x}N/GaN/Al_yGa_{1-y}N$ 单量子阱中结合能随杂质位置的变化关系

不同垒中 Al 组分对 E_b 的影响置由图 4.5 和图 4.6 给出。由图可知，E_b 的变化强烈依赖于杂质位置。当 $z_0=0$ 和 $0.5d_w$ 时，E_b 随右垒 Al 组分的增加而减小，但随左垒 Al 组分的增加而增加。当 $z_0=-0.5d_w$ 时，E_b 随二者都减小。这一情况可归结于电子波函数的分布和电子和杂质的平均距离的影响。由于强内建电场作用，电子波函数主要分布在靠近左界面而更容易隧穿到左边势垒中，故 E_b 对左垒 Al 组分和杂质与左界面之间的距离较易敏感，显然，不仅决定于阱结构的量子局域效应，还受制于强内建电场作用；取决于电子和杂质的相对位置，内建电场可减弱或增强库仑作用。

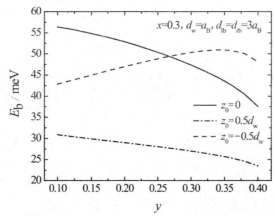

图 4.5　$Al_xGa_{1-x}N/GaN/Al_yGa_{1-y}N$ 单量子阱中结合能随右垒组分的变化关系

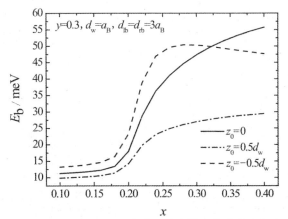

图 4.6 $Al_xGa_{1-x}N/GaN/Al_yGa_{1-y}N$ 单量子阱中结合能随左垒组分的变化关系

综上,我们详细讨论了纤锌矿 $Al_xGa_{1-x}N/GaN/Al_yGa_{1-y}N$ 单量子阱中的类氢杂质基态结合能随量子阱阱宽、不同垒宽和组分以及杂质位置的变化关系。

4.4 双量子阱情形

下面我们接着讨论 $GaN/Al_xGa_{1-x}N$ 非对称双量子阱中的类氢浅施主杂质态结合能的计算结果。研究表明,应变对电子有效质量略有修正,而对阱材料和垒材料静态介电常数的改变恰好相反。尽管如此,杂质态结合能主要受应变对带阶的调节和内建电场的影响。前者并不改变非对称双量子阱的势阱结构而是线性削弱势垒高度,后者使势阱发生倾斜并引起量子受限斯塔克效应。为便于比较,我们分别讨论有无内建电场的情况,如图 4.7 所示。

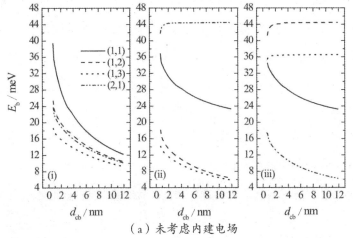

(a) 未考虑内建电场

图 4.7 $GaN/Al_xGa_{1-x}N$ 双量子阱中结合能随中间垒宽的变化关系

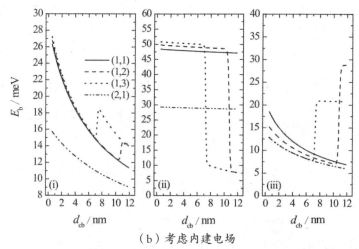

（b）考虑内建电场

图 4.7 GaN/Al$_x$Ga$_{1-x}$N 双量子阱中结合能随中间垒宽的变化关系（续）

［左右阱宽（d_{lw}, d_{rw}）以 a_B 为单位，（i）（ii）和（iii）分别代表杂质位于中间垒中心、左阱中心和右阱中心位置，即 $z_0=0$、$-(d_{lw}+d_{cb})/2$ 和 $(d_{lw}+d_{cb})/2$］

图 4.7 给出不同阱宽（包括左阱宽 d_{lw} 和右阱宽 d_{rw}）和杂质位置 z_0 情形下，结合能 E_b 随非对称双量子阱中间垒宽 d_{cb} 的变化关系。图 4.7（a）表明，未考虑内建电场时，当杂质位于中间垒中心即 $z_0=0$ 时，无论 d_{lw} 或者 d_{rw} 增加，因中垒的排斥作用，电子始终远离杂质而减小杂质的库仑吸引，从而使得 E_b 都随 d_{cb} 增大而单调减小。杂质位于阱中心的情形则有所不同：一方面，若杂质出现在较窄阱的中心位置，E_b 随 d_{cb} 增加而单调减小，这是由于电子主要集中分布在较宽的阱中导致电子和杂质的平均位置增加而降低库仑吸引作用；另一方面，当杂质位于较宽阱的中心处，若 d_{cb} 从一较小值增加时，随着电子隧穿到窄阱中程度的逐渐降低，E_b 则首先迅速增加，而后随着中间垒的变厚，电子很难隧穿过中垒，电子和杂质之间的平均距离几乎保持不变，则 E_b 缓慢增加至一不变值。此时，电子和杂质两者都位于宽阱当中，只是各层材料中的内建电场打破了阱势在 z 轴的平移对称性。我们的结果也表明，内建电场高达 MV/cm 而且受非对称双量子阱尺寸的调节作用相当明显，并且，阱中的内建电场与生长方向相反（假定符号为负），但垒中的内建电场则是沿生长方向而取为正值。

由图 4.7（b）可见，考虑内建电场时，无论杂质位居何处，只要 $d_{lw}<d_{rw}$，E_b 随 d_{cb} 增加到某一值（定义为 d^m）时都发生突变。杂质位于 $z_0=0$ 时，若

$d_{lw} \geq d_{rw}$，E_b 随 d_{cb} 的增加而单调递减；若 $d_{lw}<d_{rw}$，E_b 先减小，然后迅速增至一较大值，再减小。并且，阱宽比例 d_{lw}/d_{rw} 越小，d^m 越小。杂质位于 $z_0=-(d_{lw}+d_{cb})/2$ 时，若 $d_{lw} \geq d_{rw}$，E_b 随 d_{cb} 的增加几乎不发生改变；若 $d_{lw}<d_{rw}$，E_b 则先缓慢减小，然后迅速减小到一较小值，再缓慢降低。若 $d_{lw}<d_{rw}$，E_b 先减小，然后迅速增至一较大值再减小。并且，阱宽比例 d_{lw}/d_{rw} 越小，d^m 越小。这一特殊现象可以解释如下：由于内建电场使阱势变得倾斜，导致左阱势低于右阱势，且左阱越宽，其势则越低。因此，当 d_{cb} 较小时，电子陷于左边三角势阱中，且电子波函数较深地隧穿进左势垒，随着 d_{cb} 的增加，该隧穿逐渐减弱，当 d_{cb} 超过 d^m 也即右阱的势低于左阱时 E_b 发生突变。而杂质位于 $z_0=(d_{lw}+d_{cb})/2$ 时，情形则恰好相反只是突变值变小，类似于上述情形只是波函数局域在右中阱。这里，我们根据等电势条件定义 $d^m=F_w d$。

图 4.8 给出不同 d_{cb} 时，E_b 随 d_{lw}/d_{rw} 的变化关系。为方便起见，我们限制 d_{rw} 为 $2a_B$ 而变化 d_{lw}。由图 4.8（a）所示，当 d_{cb} 取较大值时，随着 d_{lw} 的增加，①杂质位于 $z_0=0$ 处，E_b 几乎不发生变化直到 $d_{lw}>d_{rw}$ 才开始减小；②杂质位于 $z_0=-(d_{lw}+d_{cb})/2$ 处，E_b 首先减小到最小，然后快速增到最大再减小；③杂质位于 $z_0=-(d_{lw}+d_{cb})/2$ 处，E_b 几乎保持不变，直到 $d_{lw}>d_{rw}$ 则在 $d_{lw}=d_{rw}$ 处迅速下降，随后再缓慢变小。对其原因分析如下：如果 $d_{lw}<d_{rw}$，电子波函数主要分布在较宽的右阱中。随着 d_{lw} 增加，电子波函数通过中垒隧穿到较窄的阱中而降低电子与杂质间的库仑吸引力。需要指出的是，当 $d_{lw}=d_{rw}$，波函数对称分布在双量子阱结构当中，电子出现在两阱中的概率均等。此时，对于杂质在中垒中心位置，E_b 达到最大，而杂质位于阱中心处，E_b 则发生跳跃. 至于 $d_{lw}>d_{rw}$，类似于上述讨论过的 $d_{lw}<d_{rw}$ 之情形，仅仅只是电子波函数分布在左阱中。显见，d_{cb} 较小时两个阱之间的耦合增强，特别是当 d_{lw} 接近于 d_{rw} 时[14]。

由图 4.8（b）可见，无论杂质出现在中垒中心、左阱中心还是右阱中心，E_b 都单调减小。由于强内建电场的作用，左阱的电势始终低于右阱且电子始终限制在左阱中，即使中间垒宽在 a_B，$0.2a_B$ 和 $2a_B$ 之间变化。随着 d_{lw} 的增加，电子波函数逐渐扩散而增加电子和杂质之间的平均距离，进一步减弱了它们之间的库仑吸引作用而逐渐降低结合能，这与单阱情况极为类似[21]。

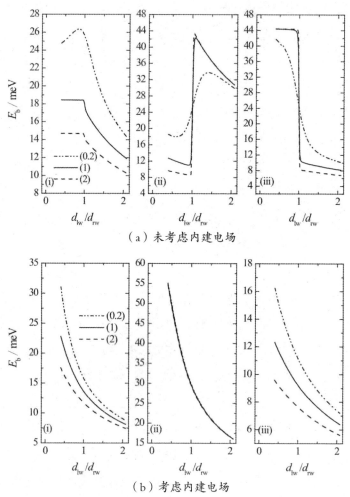

图 4.8 GaN/Al$_x$Ga$_{1-x}$N 双量子阱中结合能随左右阱宽比例的变化关系

[实线、虚线和点虚线分别代表右阱为 $d_{rw}=2a_B$，中间垒宽 d_{cb} 分别取 a_B，$0.2a_B$ 和 $2a_B$ 的结果，(i)(ii) 和 (iii) 分别代表杂质位于中间垒中心、左阱中心和右阱中心位置，即 $z_0=0$，$z_0=-(d_{lw}+d_{cb})/2$ 和 $z_0=(d_{lw}+d_{cb})/2$]

图 4.9 给出 E_b 随 z_0 的变化关系。此时，d_{lw}，d_{rw} 和 d_{cb} 从 a_B 变化到 $2a_B$。图 4.9(a) 显示我们获得类似于 Kasapoglu 等人的计算结果[18-20]。对于对称量子阱结构，曲线（1,1,1）和（1,2,1）为杂质位于相对坐标原点的对称位置，此时电子波函数对称分布在双量子阱结构中，从而导致 E_b 是简并的。反之，从曲线（1,1,2）和（2,1,1）以及曲线（1,2,2）和（2,2,1）可知，只要左右阱宽不等即 $d_{lw} \neq d_{rw}$，E_b 的简并便受到破坏。随着 z_0 由 $-d_{lw}-d_{cb}/2$ 变化到 $d_{rw}+d_{cb}/2$，E_b 先增大到一最大值后而减小。对于此类情况，电子波函数主要分布在较宽的

阱当中,并在较宽的中间垒作用下很难隧穿到中间垒乃至窄阱中。值得注意的是,曲线组(1,1,2)和(2,1,1)以及(1,2,2)和(2,2,1)相对于坐标原点是对称的。但是,图4.9(b)的情形则大不一样。曲线组(1,1,1)和(1,1,2)以及(1,2,1)和(1,2,2)几乎重叠,表明右阱对 E_b 的变化几乎不起作用。此外,杂质位于双量子阱左边区域,E_b 变化明显,这是由于内建电场使电子几乎受限在左边三角势阱当中且强烈隧穿到左边势垒区域而引起的结果。

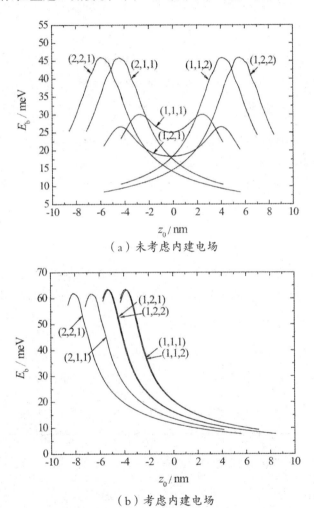

(a) 未考虑内建电场

(b) 考虑内建电场

图4.9 GaN/Al$_x$Ga$_{1-x}$N 双量子阱中结合能随杂质位置的变化关系
[左阱、中垒和右阱的宽度(d_{lw}, d_{cb}, d_{rw})以 a_B 为单位,取值依次为(1,1,1),(1,2,1),(1,1,2),(2,1,1),(1,2,2)和(2,2,1)]

4.5 小结

本章主要研究应变纤锌矿量子阱中的杂质态，我们以纤锌矿 $Al_xGa_{1-x}N/GaN/Al_yGa_{1-y}N$ 单量子阱和 $GaN/Al_xGa_{1-x}N$ 双量子阱为例，特别针对非对称量子阱结构，讨论基态杂质结合能随量子阱尺寸和杂质位置的变化关系。计算结果表明，对于 $Al_xGa_{1-x}N/GaN/Al_yGa_{1-y}N$ 单量子阱来说，非对称性和内建电场导致杂质位置和垒高对结合能随阱宽变化关系的影响比垒宽更为明显。而且，左垒中 Al 组分对结合能的影响较右垒更甚。结合能随杂质位置的变化无论在对称或非对称结构中都呈形如电子基态波函数的空间分布。相比较而言，$GaN/Al_xGa_{1-x}N$ 双量子阱中杂质态的结果表现出新特性。内建电场和应变引起的带阶变化对杂质结合能影响很显著，当中间垒变化到某一阱的电势低于另外一个阱时，结合能将发生突变现象。此外，本章还详细讨论了左右阱宽比例和杂质位置变化对杂质结合能的影响。事实上，有关电声子相互作用引起的杂质态影响应该受到足够的重视。

参考文献

[1]OLIVEIRA L E.Spatially dependent screening calculation of binding energies of hydrogenic impurity states in GaAs–Ga1-xAlxAs quantum wells[J].Physical Review B，1988，38（15）：10641-10644.

[2]ZHAO G J，LIANG X X，et al.Binding energies of donors in quantum wells under hydrostatic pressure[J].Physics Letters A，2003，319（1-2）：191-197.

[3]ZHU J，BAN S L，et al.Built-in electric field effect on donor impurities in strained wurtzite GaN/AlGaN asymmetric double quantum wells[J].Modern Physics Letters B，2012，26（26）：1250172.

[4]Z Y FENG，BAN S L，et al.Binding energies of impurity states in strained wurtzite GaN/AlxGa1-xN heterojunctions with finitely thick potential barriers[J].Chinese Physics B，2014，23（6）：066801.

[5]OLIVEIRA L E，LOPEZ-GONDAR J.Acceptor-related photoluminescence

study in GaAs/Ga1-xAlxAs quantum wells[J].Physical Review B, 1990, 41（6）: 3719-3727.

[6]LATGE A, PORRAS-MONTENEGRO N, et al.Theoretical calculation of the miniband-to-acceptor magnetoluminescence of semiconductor superlattices[J].Journal of Applied Physics, 1997, 81（9）: 6234-6237.

[7]SHEN Z J, YUAN X Z, et al.Effect of the electron-surface-optical-phonon interaction on the impurity-state energies in a semiconductor quantum well[J].Physical Review B, 1994, 49（16）: 11035-11039.

[8]BASKOUTAS S, TERZIS A F.Binding energy of hydrogenic impurity states in an inverse parabolic quantum well under electric field[J].Physica E: Low-dimensional Systems and Nanostructures, 2008, 40（5）: 1367-1370.

[9]SAFWAN S A, ELMESHED N, et al.Theoretical study of positive and negative donor impurity in quantum dot, quantum well limit and quantum wire limit[J].Physica B: Condensed Matter, 2010, 405（2）: 586-590.

[10]CHEN H, ZHOU S X.Effect of a finite-width barrier on binding energy in modulation-doped quantum-well structures[J].Physical Review B, 1987, 36（18）: 9581-9586.

[11]RANGANANATHAN R, MCCOMBE B D, et al.Coupling of confined impurity states in doped double-quantum-well structures[J].Physical Review B, 1991, 44（3）: 1423-1426.

[12]NGUYEN N, RANGANANATHAN R, et al.Coupling effects on the energy levels of a hydrogenic impurity in GaAs/Ga$_{1-x}$Al$_x$As double-quantum-well structures in a magnetic field[J].Physical Review B, 1991, 44（7）: 3344-3347.

[13]NGUYEN N, RANGANANATHAN R, et al.Effect of subband mixing on the energy levels of a hydrogenic impurity in a GaAs/Ga$_{1-x}$Al$_x$As double quantum well in a magnetic field[J].Physical Review B, 1992, 45（19）: 11166-11172.

[14]CEN J, LEE S M, et al.Effects of electric and magnetic fields on confined donor states in a coupled double quantum well[J].Journal of Applied Physics, 1993, 73(6): 2848-2853.

[15]YEN S T.Resonant hydrogenic impurity states and 1s-2p_0 transitions in coupled double quantum wells[J].Physical Review B, 2003, 68(16): 165331.

[16]RAIGOZA N, MORALES A L, et al.Stress effects on shallow-donor impurity states in symmetrical GaAs/Al$_x$Ga$_{1-x}$As double quantum wells[J].Physical Review B, 2004, 69(4): 045323.

[17]RAIGOZA N, MORALES A L, et al.Effects of hydrostatic pressure on donor states in symmetrical GaAs/Ga$_{0.7}$Al$_{0.3}$As double quantum wells[J].Physica B: Condensed Matter, 2005, 363(1): 262-270.

[18]KASAPOGLU E, SARIA H, et al.Shallow donor impurities in different shaped double quantum wells under the hydrostatic pressure and applied electric field[J].Physica B: Condensed Matter, 2005, 362(1): 56-61.

[19]KASAPOGLU E, SARIA H, et al.Shallow donors in the triple-graded quantum well under the hydrostatic pressure and external fields[J].Physica B: Condensed Matter, 2006, 373(2): 280-283.

[20]KASAPOGLU E.The hydrostatic pressure and temperature effects on donor impurities in GaAs/Ga$_{1-x}$Al$_x$As double quantum well under the external fields[J].Physics Letters A, 2008, 373(1): 140-143.

[21]MOREL A, LEFEBVRE P, et al.Donor binding energies in group III-nitride-based quantum wells: influence of internal electric fields[J].Materials Scicence and Engineering B, 2001, 82(1): 221-223.

[22]LIU D, SHI J J, et al.Impurity bound polaron in wurtzite GaN/AlN quantum wells: the interface optical-phonon and the built-in electric field effects[J]. Superlattices and Microstructures, 2006, 40(3): 180-190.

[23]LEPKOWSKI S P, TEISSEYRE H, et al.Piezoelectric field and its influence on the pressure behavior of the light emission from GaN/AlGaN strained quantum wells[J].Applied Physics Letters, 2001, 79（10）: 1483-1485.

[24]LEPKOWSKI S P.Nonlinear elasticity effect in groupIII-nitride quantum heterostructures: Ab initio calculations[J].Physical Review B, 2007, 75（19）: 195303.

[25]DUAN Y F, LI J B, et al.Elasticity, band-gap bowing, and polarization of $Al_xGa_{1-x}N$ alloys[J].Journal of Applied Physics, 2008, 103（2）: 023705,

[26]WOOD C, JENA D.Polarization effects in semiconductors[M].New York: Springer, 2008.

[27]ZHANG M, BAN S L.Pressure influence on the Stark effect of impurity states in a strained wurtzite $GaN/Al_xGa_{1-x}N$ heterojunction[J].Chinese Physics B, 2009, 18（10）: 4449-4455.

[28]ZHANG M, BAN S L.Screening influence on the Stark effect of impurity states in strained wurtzite $GaN/Al_xGa_{1-x}N$ heterojunctions under pressure[J].Chinese Physics B, 2009, 18（12）: 5437-5442.

[29]HA S H, BAN S L.Binding energies of excitons in a strained wurtzite GaN/AlGaN quantum well influenced by screening and hydrostatic pressure[J].Journal of Physics: Condensed Matter, 2008, 20（8）: 085218.

第五章 GaN 量子阱中的激子态

5.1 引言

激子态对半导体低维结构的光学和电学性质有着极其重要的作用。早在 1990 年，Leavitt 等[1]利用电子和空穴子带包络波函数简单分析了量子受限体系中的激子结合能。结果发现，激子结合能随量子阱的阱宽增加出现一个极大值。Winkler[2]随后发展出一种新的计算方法，研究 GaAs/Al$_x$Ga$_{1-x}$As 量子阱中激子结合能随阱宽的变化关系，由于他们仅在较宽的量子阱变化范围内进行计算，并未得到结合能的极大值。最近，Zhao 等人[3]利用变分法讨论了闪锌矿量子阱中的激子结合能，但除压力效应外相比于前人结果并无新结论出现。Chen[4]和 Dios-Leyva[5]等人就有关外加电场作用下量子阱中激子态的问题做了详细探讨。有关双量子阱中激子态的研究亦有不少。Kamizato 等[6]和 Zhao 等人[7]便采用变分法计算了对称双量子阱中激子基态结合能随阱宽的变化关系，但他们忽略了阱和垒中介电常数及电子（空穴）有效质量的不同。2000 年，Leon 等[8]选取三种不同的尝试波函数详细讨论了 InAs/GaSb 耦合双量子阱中激子的波函数、结合能和激子寿命。Arapan 等[9]则考虑激发态对基态的耦合，计算了激子的跃迁能和振子强度。而后，有人讨论了电磁场作用下耦合双量子阱中激子类型的转变[10]和激子间的相互作用[11]。Szymanska 等[12]详细讨论外电场影响下 GaAs/AlGaAs 耦合双量子阱中直接激子和间接激子之间的转换条件并得出间接激子结合能非常小的结论。而对于 AlAs/GaAs 量子阱，磁场也将影响该结构中的激子形成过程[13]。

相比较而言，对纤锌矿量子阱中激子态的研究略显不足，但已受到不少学者的关注。通过磁光效应实验，Shields 等人[14]测量了 GaN/Al$_x$Ga$_{1-x}$N 量子阱中激子的结合能，他们的观察结果与 Bigenwald 等[15-17]的理论计算相吻合。Pokatilov 等人[18]也在理论上分析了该类应变纤锌矿量子阱中的激子态和荧光谱。Ha 等[19]结合变分法和自洽计算，讨论了纤锌矿氮化物量子阱中的激子结合能的二维电子-空穴气（2DEHG）介电屏蔽效应。也有学者利用格林函数方法理论研究了电子-空穴等离子气体屏蔽的激子态问题[20]。

不言而喻，激子-光学声子相互作用对极性半导体异质结或量子阱中激子的形成、弛豫和复合过程以及载流子的输运有着重要影响。由于纤锌矿结构的各向异性和材料的强极性，实验测量出该类量子阱具有很强的激子-声子耦合。通常，人们用 Huang-Rhys 因子 S 表征激子-声子相互作用的耦合强度，它决定吸收谱声子卫星峰与主峰之间的分布。研究显示由Ⅲ-N 化合物构成的纤锌矿量子阱中 S 因子与量子阱尺寸具有强烈的依赖关系[21-25]。但是，在这些文献中，往往采用体声子近似进行简单计算，而忽略阱中实际存在的详细的声子模式。不同于闪锌矿结构，在纤锌矿异质结构中可能出现四种光学声子模式，即界面模（IF）、局域模（CO）、半空间模（HS）以及传播模（PR），并且随着组分的增加，模式与模式之间可能互相转化[26-27]。有人仅考虑 IF 声子模，讨论了 GaN/InGaN 量子阱中的激子-声子相互作用，发现界面效应将增强激子与声子间的耦合[28-29]。Stroscio 研究组[30-32]利用宏观连续介电模型和 Loudon 单轴晶体模型，推导出纤锌矿异质结、量子阱乃至超晶格中的声子色散关系以及电声子相互作用。北京大学 Shi 等[33-35]通过转移矩阵法求解 p 极化场的动力学方程也获得类似的表达式。这些有关电子-光学声子相互作用基础性研究的发展，为进一步讨论系统中激子态的极化子效应提供可靠帮助。在近几十年里，对传统闪锌矿量子阱中激子态的极化子效应已有相当广泛的研究[36-45]。但是，迄今为止仍鲜有文献报道各向异性纤锌矿低维结构中激子-声子相互作用对激子结合能的影响。Senger 和 Bajaj[46]利用变分法计算了 GaN/Al$_{0.3}$Ga$_{0.7}$N 量子阱中的激子结合能，并认为需结合激子-声子相互作用才能对极性半导体量子阱中的激子发光谱做出正确理解。然而，他们在具体计算中忽略了量子阱中详细的声子模式，而采用体声子近似描述声子静电势，其有关激子结合能的声子修正结果值得怀疑。2008 年，Cui 等[29] 对 GaN/InGaN 量子阱中激子－声子相互作用哈密顿量进行类 LLP 正则变换，并采用变分法获得界面声子对激子基态能的能移。对氮化物材料特性、应变、屏蔽效应、压力效应及声子影响等研究的工作积累，使得我们可以更深入地讨论氮化物量子阱中的激子问题[47-48]。以往关于氮化物量子阱中激子问题的研究未考虑应变、自发极化及压电极化、内建电场及屏蔽等因素的综合影响，因此，到目前为止，对于应变 GaN/$Al_xGa_{1-x}N$ 量子阱的电子态及空穴态的描述尚未清楚[49]，尤其对于纤锌矿结构的 GaN 及 $Al_xGa_{1-x}N$ 材料构成的量子阱结构中受到自由电子－空穴气体屏蔽的激子结合能的计算仍不够完善。在本章中，首先利用变分法研究纤锌矿 [0001] 取向 GaN/$Al_xGa_{1-x}N$ 双量子阱中重空穴激子态的应变效应，讨论激子性质在对称和非对称结构中的差别。进一步在比较闪锌矿和纤锌矿量子阱中各类光学声子模式以及其电－声子相互作用的基础上，计入 2DEHG 介电屏蔽效应，较为详细地探讨应变纤锌矿 GaN/$In_xGa_{1-x}N$ 单量子阱中激子态的极化子效应。其次考虑到闪锌矿结构 GaN 及 AlN 材料的生长通常沿 [001] 方向，本章讨论 [001] 取向应变闪锌矿 $Al_{0.3}Ga_{0.7}N$/GaN 量子阱结构中受屏蔽激子的压力效应。基于上一章有关电子态和空穴态计算方法，本章采用变分法和自洽计算薛定谔方程与泊松方程的方法研究 [001] 取向应变闪锌矿 GaN/$Al_{0.3}Ga_{0.7}N$ 量子阱结构中受二维电子－空穴气体屏蔽的激子结合能的压力效应，以及给定压力下的组分影响，并得出激子结合能随电子－空穴气密度和压力的变化关系。

5.2 理论模型

1. 不考虑电声子相互作用情形

首先，在考虑二维电子－空穴气体的屏蔽影响下，对于应变闪锌矿 [001] 取向 GaN/$Al_{0.3}Ga_{0.7}N$ 有限深量子阱的激子结合能随电子－空穴气密度和压力的变化关系，进行如下计算并讨论。

由于电子和空穴在量子阱生长方向（即 z 轴）是量子化的，可由以下薛定

谔方程给出其波函数和能级[15]

$$\left\{-\frac{\hbar^2}{2}\frac{\partial}{\partial z}\left[\frac{1}{m_j^\perp(z)}\frac{\partial}{\partial z}\right]+V_j(z)+q_j\phi_j(z)z\right\}\psi_j(z)=E_j\psi_j(z) \qquad (5.1)$$

式中，下标 j=e，h 分别表示电子和空穴。对于电子和空穴，q_j 分别取 e 和 $-e$。V_j 分别是导带（j=e）和价带（j=h）的势垒高度，其比例设为 60∶40，并假定它不随压力变化。

方程（5.1）中，由泊松方程确定自由电荷激发的电场 $\phi_j(z)$ [15]

$$\phi_j(z+\mathrm{d}z)-\phi_j(z)=q_j N_s \int_z^{z+\mathrm{d}z} f(u)\frac{\mathrm{d}u}{\kappa_0(u)} \qquad (5.2)$$

式中，$f(u)=\psi_e^2(u)-\psi_h^2(u)$；$k_0(u)$ 是静态介电常数；N_s 是电子-空穴气体密度。

通过自洽求解方程（5.1）和（5.2），可得出单粒子（电子或空穴）的能级 E_j 和波函数 $\psi_j(z)$。

电子-空穴相互作用部分的哈密顿量可写为

$$H_{e-h}=-\frac{\hbar^2}{2\mu_{e-h}}\frac{1}{\rho}\frac{\partial}{\partial\rho}\left(\rho\frac{\partial}{\partial\rho}\right)+e\phi_{e-h}(z_e,z_h,\rho) \qquad (5.3)$$

式中，ρ 表示电子空穴之间相对距离；$\mu_{e-h}=m_e^{//}m_h^{//}/(m_e^{//}+m_h^{//})$ 表示激子约化质量；$m_e^{//}$ 和 $m_h^{//}$ 分别为平行于 x-y 平面的电子与空穴的有效质量。

在 (z,q) 表象中的激子屏蔽库仑势[15-16]可写为

$$e\phi_{e-h}(z_e,z_h,q)=\frac{e^2}{\kappa_0 q}\left\{e^{-q|z_e-z_h|}-\frac{\left[\int \mathrm{d}u e^{-q|u-z_e+z_h|}f(u)\right]^2}{\frac{q}{q_s}+\int \mathrm{d}u f(u)\int \mathrm{d}u' f(u')e^{-q|u-u'|}}\right\} \qquad (5.4)$$

式中，$q_s=2\mu e^2/4\pi\kappa_0\hbar^2$ 是 q 空间屏蔽半径。

选取仅含一个变分参数的试探波函数[50]

$$\psi(\rho)=Ae^{-\beta\rho}\cos(k_F\rho) \qquad (5.5)$$

式中，k_F 是费米波矢，在零温下满足 $k_F=\sqrt{2\pi N_s}$ [51]。

激子基态变分能量为

$$E_{e-h} = \langle \psi | H_{e-h} | \psi \rangle = \int dz_e |\psi(z_e)|^2 \int dz_h |\psi(z_h)|^2 \int d^2\rho \psi^*(\rho) H_{e-h} \psi(\rho) \quad (5.6)$$

激子束缚能为

$$E(\beta) = \sum_{j=e,h} E_j + E_{e-h} \quad (5.7)$$

因此，激子的基态结合能为

$$E_b = E_{free} - E \quad (5.8)$$

式中，E 为激子基态能，由 $E(\beta)$ 对 β 求变分极小值给定，而 E_{free} 是自由电子与空穴的激子基态能量，可在不包含库仑相互作用（5.4）的情况下，将式（5.5）代替为电子和空穴的平面波 $\psi(\rho_j) = e^{i\vec{K}_F \cdot \vec{\rho}_j}/2\pi$，重复计算上面的步骤求解。

（1）应变的压力影响

阱和垒中双轴应变随压力变化关系分别是

$$\varepsilon_{xx,w} = \varepsilon_{yy,w} = \varepsilon_{//,w}^c = \frac{a_b(p) - a_w(p)}{a_w(p)} \quad (5.9)$$

$$\varepsilon_{xx,b} = \varepsilon_{yy,b} = \varepsilon_{//,b}^c = \frac{a_w(p) - a_b(p)}{a_b(p)} \quad (5.10)$$

式中，晶格常数[52]的压力关系为

$$a_i(p) = a_i(0)\left(1 - \frac{p}{3B_{0,i}}\right) \quad (5.11)$$

式中，$B_{0,i}$ 是闪锌矿结构的体模量，i=w，b 分别代表阱和垒。

闪锌矿结构中双轴与单轴应变的关系[53]为

$$\varepsilon_{zz,i} = -2\frac{C_{12}}{C_{11}} \varepsilon_{//,i}^c \quad (5.12)$$

（2）禁带宽度和有效质量的压力影响

考虑闪锌矿结构 GaN 和 AlN 材料中的应变影响，其禁带宽度[50]分别为

$$E_{g,w} = E_{g,w}(p) + (a_w^c - a_w^v)(2\varepsilon_{xx,w} + \varepsilon_{zz,w}) \quad (5.13)$$

$$E_{g,b(AlN)} = E_{g,b(AlN)}(p) + (a_b^c - a_b^v)(2\varepsilon_{xx,b} + \varepsilon_{zz,b}) \quad (5.14)$$

式中，a_i^c 和 a_i^v 分别为导带和价带的形变势。禁带宽度随压力的变化关系[54]为

$$E_{g,i}(p) = E_{g,i} + \alpha_i p \tag{5.15}$$

这里我们采用简化相干势近似计算三元混晶 $Al_xGa_{1-x}N$ 的禁带宽度[55]

$$E_{g,b} = \frac{E_{g,w} E_{g,b(AlN)}}{x E_{g,w} + (1-x) E_{g,b(AlN)}} \tag{5.16}$$

由以上得到的禁带宽度，可得到电子有效质量的压力影响[56]

$$\frac{m_0}{m_e^{\perp,//}(p)} = 1 + \frac{C}{E_{g,i}(p)} \tag{5.17}$$

式中，C 为与材料有关的常量。这里假定重空穴有效质量的压力系数为零。

（3）介电常数的压力影响

由 LST 关系给出方程（5.2）和（5.4）中出现的静态介电常数

$$\kappa_0 = \kappa_\infty \left(\frac{\omega_{LO}}{\omega_{TO}} \right)^2 \tag{5.18}$$

由已知的 γ 参数，通过下式可得出声子频率 ω_{LO} 和 ω_{TO} 随压力的变化关系

$$\gamma_i = B_0 \frac{1}{\omega_i} \frac{\partial \omega_i(p)}{\partial p} \tag{5.19}$$

高频介电常数随压力的变化关系为[57]

$$\frac{\partial \kappa_\infty(p)}{\partial p} = -\frac{5(\kappa_\infty - 1)}{3 B_0} (0.9 - f_{ion}) \tag{5.20}$$

式中，f_{ion} 为电离度。至此，给出了静态介电常数的压力影响。

2. 考虑电声子相互作用情形

在有效质量近似下，应变纤锌矿量子阱中受 2DEHG 介电屏蔽效应的激子－声子耦合系统的哈密顿量可表示为

$$H = H_{ez} + H_{hz} + H_{e//} + H_{h//} + H_C + H_{ph} + H_{int} \tag{5.21}$$

电子或空穴在 z 方向的哈密顿量表示为

$$H_{iz} = \frac{p_{iz}^2}{2 m_{iz}(z_i)} + V_i(z_i) + q_i [F(z_i) + \Phi(z_i)] z_i \tag{5.22}$$

式中，$\Phi_i(z_i)$是自由电荷引起的极化场，可由泊松方程的积分形式（5.2）式求解。

为方便起见，我们采用平面质心坐标系，定义如下

$$M_{//} = m_{e//} + m_{h//}, \quad \mu_{//} = \frac{m_{e//} \cdot m_{h//}}{m_{e//} + m_{h//}} \quad (5.23)$$

$$\vec{\rho} = \vec{\rho}_e - \vec{\rho}_h, \quad \vec{R} = s_e \vec{\rho}_e + s_h \vec{\rho}_h \quad (5.24)$$

$$s_e = \frac{m_{e//}}{M_{//}}, \quad s_h = \frac{m_{h//}}{M_{//}} \quad (5.25)$$

其中，$\vec{\rho}$和$\vec{R}$分别表示相对和质心坐标，$m_{e//}$和$m_{h//}$为x–y平面的有效质量。因此，

$$H_{e//} + H_{h//} = \frac{P_{//}^2}{2M_{//}} + \frac{p_{//}^2}{2\mu_{//}} \quad (5.26)$$

经过傅里叶变换后，屏蔽库仑相互作用H_C由（5.4）式中的$e\phi_{e-h}$给出。

激子–声子相互作用哈密顿量一般表示为

$$H_{int} = \sum_{\beta}\sum_{\vec{k}}\{V_{\vec{k}\beta}[L_{\vec{k}\beta}(z_e)e^{is_h\vec{q}\cdot\vec{\rho}} - L_{\vec{k}\beta}(z_h)e^{-is_e\vec{q}\cdot\vec{\rho}}]e^{i\vec{q}\cdot\vec{R}}a_{\vec{k}\beta} + h.c.\} \quad (5.27)$$

在计算中，我们忽略了高频介电常数的各项异性，假设$\varepsilon_{\infty,z} = \varepsilon_{\infty,//} = \varepsilon_{\infty}$。

为了求解激子的基态能量，我们对方程（5.21）做类LLP正则变换[38]

$$U_1 = \exp(-i\sum_{\beta}\sum_{\vec{k}}\vec{q}\cdot\vec{R}a_{\vec{k}\beta}a^+_{\vec{k}\beta}) \quad (5.28)$$

$$U_2 = \exp(a^+_{\vec{k}\beta}f_{\vec{k}\beta} - a_{\vec{k}\beta}f^*_{\vec{k}\beta}) \quad (5.29)$$

式中，假设变分参数$f_{\vec{k}\beta}$和$f^*_{\vec{k}\beta}$不依赖于电子和空穴的相对位置。

令$P_\perp = 0$，忽略虚电子（空穴）与声子的相互作用项，总的哈密顿量变换为

$$H = H_{ez} + H_{hz} + H_{e//} + H_{h//} + H_C + \sum_{\beta}\sum_{\vec{k}}\{[\hbar\omega_\beta(\vec{k}) + \frac{\hbar^2 q^2}{2M_{//}}](a_{\vec{k}\beta} + f_{\vec{k}\beta})(a^+_{\vec{k}\beta} + f^*_{\vec{k}\beta})\}$$
$$+ \sum_{\beta}\sum_{\vec{k}}\{V_{\vec{k}\beta}[L_{\vec{k}\beta}(z_e)e^{is_h\vec{q}\cdot\vec{\rho}} - L_{\vec{k}\beta}(z_h)e^{-is_e\vec{q}\cdot\vec{\rho}}](a_{\vec{k}\beta} + f_{\vec{k}\beta}) + h.c.\}$$
$$(5.30)$$

而激子变分波函数可表示为激子部分和声子部分之积，即

$$|\Phi\rangle = |\psi(z_e, z_h, \rho)\rangle|0\rangle \quad (5.31)$$

这里，$|0\rangle$ 是零声子态，$|\psi(z_e,z_h,\rho)\rangle$ 是含单变分参数的激子波函数[19]

$$|\psi(z_e,z_h,\rho)\rangle = A\phi_e(z_e)\phi_h(z_h)\cos(k_f\rho)e^{-\lambda\rho} \qquad (5.32)$$

式中，费米波矢在零温下表示为 $k_f=\sqrt{2\pi N_S}$。自由电子和空穴 z 方向波函数 $\phi_e(z_e)$ 和 $\phi_h(z_h)$ 由薛定谔方程和泊松方程自洽求解。

相对于 $f^*_{\bar{k}\beta}$，对 $\langle\Phi|H^*|\Phi\rangle$ 作变分极小，可得

$$f_{\bar{k}\beta} = -\sum_{\beta}\sum_{\bar{k}}\frac{\langle\psi(z_e,z_h,\rho)|V_{\bar{k}\beta}[L_{\bar{k}\beta}(z_e)e^{is_h\bar{q}\cdot\bar{\rho}}-L_{\bar{k}\beta}(z_h)e^{-is_e\bar{q}\cdot\bar{\rho}}]|\psi(z_e,z_h,\rho)\rangle}{\hbar\omega_\beta(\bar{k})+\dfrac{\hbar^2 q^2}{2M_\parallel}} \qquad (5.33)$$

因此，计算可得激子基态变分能量

$$E_{ex}(\lambda) = E_0(\lambda) + E_1(\lambda) \qquad (5.34)$$

式中

$$E_0(\lambda) = E_{ez} + E_{hz} + E_{e-h}(\lambda) \qquad (5.35)$$

$$E_1(\lambda) = -\sum_{\beta}\sum_{\bar{k}}\frac{|\langle\psi(z_e,z_h,\rho)|V_{\bar{k}\beta}[L_{\bar{k}\beta}(z_e)e^{is_h\bar{q}\cdot\bar{\rho}}-L_{\bar{k}\beta}(z_h)e^{-is_e\bar{q}\cdot\bar{\rho}}]|\psi(z_e,z_h,\rho)\rangle|^2}{\hbar\omega_\beta(\bar{k})+\dfrac{\hbar^2 q^2}{2M_\parallel}} \qquad (5.36)$$

在方程（5.38）中，E_{ez} 和 E_{hz} 可通过自洽程序数值求解。$E_{e-h}(\lambda)$ 表示为

$$E_{e-h}(\lambda) = \langle\psi(z_e,z_h,\rho)|[\dfrac{p_\parallel^2}{2\mu_\parallel}+H_C]|\psi(z_e,z_h,\rho)\rangle \qquad (5.37)$$

自由极化子（包括电子和空穴）的能量也可通过类似过程获得，并令库仑项 $H_C=0$ 和

$$|\psi(z_e,z_h,\rho_e,\rho_h)\rangle = \frac{1}{2\pi}\phi_e(z_e)\phi_h(z_h)e^{i\bar{k}_f\cdot\bar{\rho}_e}e^{i\bar{k}_f\cdot\bar{\rho}_h} \qquad (5.38)$$

求得

$$E_{\text{free}} = E'_0 + E'_1 \qquad (5.39)$$

式中

$$E'_0 = E_{ez} + E_{hz} + E_f \qquad (5.40)$$

和

$$E'_1 = -\sum_{\beta}\sum_{\bar{k}} \frac{|\langle\phi_e(z_e)|V_{\bar{k}\beta}L_{\bar{k}\beta}(z_e)|\phi_e(z_e)\rangle|^2}{\hbar\omega_\beta(\bar{k}) + \frac{\hbar^2 q^2}{2m_{e//}}} - \sum_{\beta}\sum_{\bar{k}} \frac{|\langle\phi_h(z_h)|V_{\bar{k}\beta}L_{\bar{k}\beta}(z_h)|\phi_h(z_h)\rangle|^2}{\hbar\omega_\beta(\bar{k}) + \frac{\hbar^2 q^2}{2m_{h//}}} \quad (5.41)$$

而费米能量表示为 $E_f = \hbar^2 k_f^2 / 2\mu_{//}$。

激子结合能定义为自由极化子能量与激子基态能量的差

$$E_b = E_{\text{free}} - \min_\lambda E_{\text{ex}}(\lambda) \quad (5.42)$$

5.3 闪锌矿 [001] 取向 GaN 量子阱中的激子态

对于应变闪锌矿 [001] 取向 GaN 量子阱情形,计算结果见图 5.1 ~ 5.3。

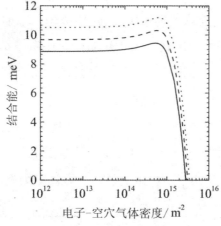

图 5.1 在 0GPa(实线),5GPa(长虚线)和 10GPa(短虚线)压力下,应变闪锌矿 [001] 取向 GaN/Al$_{0.3}$Ga$_{0.7}$N 量子阱中激子结合能随电子 – 空穴气体密度的变化关系

图 5.1 给出了压力分别在 0GPa,5GPa 和 10GPa 时,应变闪锌矿 [001] 取向 GaN/Al$_{0.3}$Ga$_{0.7}$N 量子阱中激子结合能随电子 – 空穴气体密度的变化关系。可以看出,激子结合能随电子 – 空穴气体密度的变化趋势在 0GPa、5GPa 和 10GPa 压力下均相似。即在低密度时激子基本保持稳定,并随着密度的增加出现略微上升的趋势,随后当密度达到大约 $1 \times 10^{15}/\text{m}^2$ 时结合能迅速减小。当电子 – 空穴气体密度较小时,激子结合能变化很小且激子态稳定。而当密度逐渐增加即二维特性增强时,激子结合能将有所增加,但之后因为高的电子 – 空穴气体密度下粒子间的排斥作用[50]其结合能将很快衰减为零。

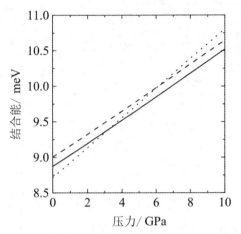

图 5.2　应变闪锌矿 [001] 取向 GaN/Al$_{0.3}$Ga$_{0.7}$N 量子阱中激子结合能在电子 - 空穴气体密度分别为 $1\times10^{13}/m^2$（实线）、$1\times10^{14}/m^2$（虚线）和 $1\times10^{15}/m^2$（点虚线）时随压力的变化关系

图 5.2 给出了电子 - 空穴气体密度分别为 $1\times10^{13}/m^2$，$1\times10^{14}/m^2$ 和 $1\times10^{15}/m^2$ 时，应变闪锌矿 [001] 取向 GaN/Al$_{0.3}$Ga$_{0.7}$N 量子阱中激子结合能随压力的变化关系。结果表明，在固定的密度下激子结合能随压力近似线性增加。当电子 - 空穴气体密度分别为 $1\times10^{13}/m^2$，$1\times10^{14}/m^2$ 和 $1\times10^{15}/m^2$，随着压力由 0GPa 增加到 10GPa，激子结合能分别增加 18.55%，18.27% 和 23.98%。由此可见，低的电子 - 空穴气密度（激子较稳定）时，压力效应随电子 - 空穴气体密度的增加缓慢减小；而当高密度（激子不稳定）时，压力效应则更加显著。

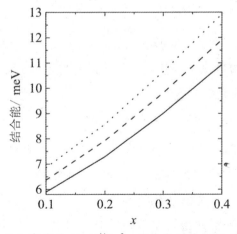

图 5.3　在电子 - 空穴气体密度为 $1\times10^{14}/m^2$，压力分别为 0GPa（实线），5GPa（虚线）和 10GPa（点虚线）时，应变闪锌矿 [001] 取向 GaN/Al$_x$Ga$_{1-x}$N 量子阱中激子结合能随垒材料 Al$_x$Ga$_{1-x}$N 中 Al 组分的变化关系

图 5.3 给出在 $1\times10^{14}/m^2$ 电子－空穴气体密度和压力分别为 0GPa，5GPa 和 10GPa 时，应变闪锌矿 [001] 取向 GaN/Al$_{0.3}$Ga$_{0.7}$N 量子阱中激子结合能随垒材料 Al$_x$Ga$_{1-x}$N 中 Al 组分的变化关系。结果表明，随 Al 组分的增加激子结合能逐渐增加。此结果是由于增加 Al 组分将导致量子阱垒材料的势垒变高，因此增强二维特性，激子结合能逐渐增大。在 0GPa，5GPa 和 10GPa 压力下，当 Al 组分由 0.1 增加到 0.4 时，激子结合能分别增加 85.29%，86.95% 和 88.40%。由此可知，当压力较大时结合能随组分增加更显著。

综上，计算了应变闪锌矿 [001] 取向 GaN/Al$_{0.3}$Ga$_{0.7}$N 量子阱中受到电子－空穴气体屏蔽的激子结合能的压力效应。结果表明，结合能随电子－空穴气密度的关系是：在低密度时激子基本保持稳定，随着密度的增加结合能出现略微上升趋势，随后当密度达到大约 $1\times10^{15}/m^2$ 时结合能开始迅速减小。而在固定的电子－空穴气体密度下，激子结合能随压力近似线性增加，并且发现其增长率受到电子－空穴气体密度的影响。此外，由于增加 Al 组分将导致量子阱二维特性的增强，激子结合能逐渐增大，并且当压力较大时结合能随组分的增加更为显著。

5.4 闪锌矿 [111] 取向 GaN 量子阱中的激子态

本节我们仅针对沿 [111] 轴向生长的闪锌矿 GaN/Al$_x$Ga$_{1-x}$N 量子阱结构，计算受到二维电子－空穴气体屏蔽作用下的激子结合能，并讨论激子结合能的压力效应。更为重要的是，当氮化物材料沿其 [111] 轴向生长形成量子阱等异质结构时，其晶格失配引起的极化电荷积累在界面处，并产生强大的内建电场，它对该量子阱结构中的激子具有较大影响。在本节中，我们详细给出应变及内建电场等重要参量的压力效应，并给出 [111] 取向闪锌矿结构量子阱中激子结合能随电子－空穴气密度和流体静压力的依赖关系。计算结果见图 5.4～5.7。

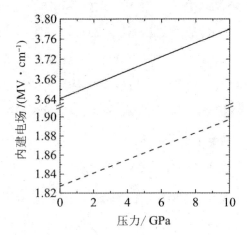

图 5.4 无限（实线）和有限厚垒（虚线）应变闪锌矿 [111] 取向量子阱中内建电场随压力的变化关系

图 5.4 表明，无限和有限厚垒量子阱中，内建电场随着流体静压力的增加而增加。当垒厚与阱宽（50Å）相等时，阱中的电场和垒中的电场大小相等方向相反。当垒厚趋于无穷大时，垒中的内建电场变为零，而阱中电场加强。另外，当流体静压力从 0 增加到 10GPa 时，内建电场的绝对值分别增加 3.79% 和 3.83%。

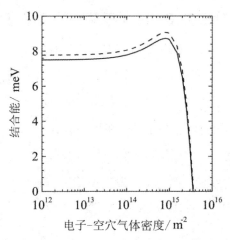

图 5.5 无限厚（实线）和有限厚垒（虚线）情况下，应变闪锌矿 GaN/Al0.3Ga0.7N 量子阱中受到电子－空穴气体屏蔽的激子结合能随电子－空穴气体密度的变化关系（其中压力为 0GPa）

图 5.5 给出了无限厚和有限厚垒应变闪锌矿 [111] 取向量子阱中受到电子－空穴气屏蔽的激子结合能与电子－空穴气体密度的关系。结果表明，随着电子－

空穴气体密度增加,激子结合能先缓慢增加到最大值,而当密度大于 $1\times10^{15}/m^2$ 时,激子结合能将迅速下降。在零压力下,垒厚和阱宽相等时,阱和垒中的内建电场为 1.38MV/cm,方向相反。当垒厚趋于无穷时,垒中内建电场为零,而阱中的内建电场强度为有限厚垒情形时电场值的两倍,相应地,结合能下降 3.49%。

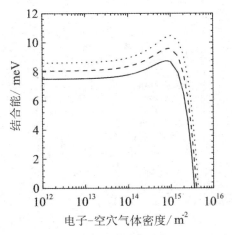

图 5.6 在流体静压力为 0GPa(实线),5GPa(虚线)和 10GPa(点虚线)时,无限厚垒应变闪锌矿 [111] 取向 GaN/Al$_{0.3}$Ga$_{0.7}$N 量子阱中随着电子–空穴气体密度的变化关系

图 5.6 给出,当垒厚设为无限大,压力取 0GPa,5GPa 和 10GPa 的不同值时,应变闪锌矿 GaN/Al$_{0.3}$Ga$_{0.7}$N 量子阱中激子结合能随电子–空穴气体密度的变化关系。0GPa,5GPa 和 10GPa 等不同压力作用下,激子结合能随电子–空穴气体密度的变化趋势是一致的。即随着电子–空穴气体密度的增加,由于内建电场受到屏蔽,激子结合能先是缓慢增加到最大值,而后当密度值超过 $1\times10^{15}/m^2$ 时,结合能迅速降低。

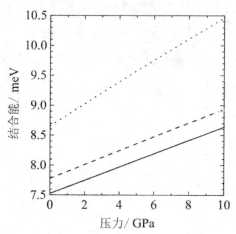

图 5.7 在电子 – 空穴气体密度为 $1\times10^{13}/m^2$（实线），$1\times10^{14}/m^2$（虚线）和 $1\times10^{15}/m^2$（点虚线）时，无限厚垒应变闪锌矿 [111] 取向 $GaN/Al_{0.3}Ga_{0.7}N$ 量子阱中激子结合能随压力的变化关系

图 5.7 给出了电子 – 空穴气体密度为 $1\times10^{13}/m^2$，$1\times10^{14}/m^2$ 和 $1\times10^{15}/m^2$ 等不同值时，无限厚垒应变闪锌矿 $GaN/Al_{0.3}Ga_{0.7}N$ 量子阱中激子结合能与压力之间的变化关系。结果表明，量子阱中存在 $1\times10^{13}/m^2$，$1\times10^{14}/m^2$ 和 $1\times10^{15}/m^2$ 等不同电子 – 空穴气体密度的情况下，结合能随压力的增加呈线性增加。当压力从 0GPa 增加到 10GPa 时，激子结合能的增加百分比分别为 14.74%，14.91% 和 20.89%。因此，高的电子 – 空穴气体密度时，压力效应更加明显。

本节考虑流体静压力和电子 – 空穴气体屏蔽效应，给出了双轴和单轴应变影响下的 [111] 取向闪锌矿 $GaN/Al_{0.3}Ga_{0.7}N$ 量子阱中的激子结合能。计入受到由压电极化产生的内建电场及自由电子 – 空穴气体引起的极化势的影响，激子结合能的计算采用了变分法和自洽计算方法。计算结果表明，考虑流体静压力对应变的调制，激子结合能随压力线性增加。而当电子 – 空穴气体密度较大时，压力效应更加明显。另外，随着电子 – 空穴气体密度的增加，激子结合能先缓慢增加到最大值，而后密度超过 $1\times10^{15}/m^2$ 时，结合能迅速衰减。此外，当量子阱垒厚减小时，由于内建电场降低，激子结合能将显著增加。

5.5 纤锌矿 [0001] 取向 GaN 量子阱中的激子态

在本节中，我们对应变纤锌矿 GaN/AlGaN 量子阱中受屏蔽重空穴激子结合能随压力的影响关系进行计算。并计入自由电荷费米能级（随电子 – 空穴气体密度的增加而升高）对激子结合能的影响，从而纠正前人的工作[15-16]。还进一步考虑了纤锌矿结构的有限厚和无限厚垒量子阱情形下，阱和垒材料中自发及压电极化引起的内建电场的影响，讨论电子–空穴气屏蔽影响下激子结合能的压力效应。

1. 不考虑电声子相互作用情形

（1）单量子阱中的结果与讨论

首先，我们考虑流体静压力的影响和电子–空穴气体的屏蔽效应，计算了双轴及单轴应变纤锌矿 $GaN/Al_xGa_{1-x}N$ 量子阱中重空穴激子的结合能。

图 5.8 给出了无限厚垒和有限厚垒应变纤锌矿 $GaN/Al_{0.3}Ga_{0.7}N$ 量子阱中内建电场随压力的变化关系。这里取有限厚垒量子阱的垒厚与阱宽相等（50Å），并与无限厚垒情形做比较。有限厚垒时，阱和垒的内建电场在数值上是相等的，阱中的电场为负值，方向与量子阱的生长方向相反，而垒中的电场为正值，方向沿阱的生长方向。另外，两者的绝对值都随压力的增加而增加。当垒厚趋于无限大时，垒中的内建电场消失。由此可见，垒的厚度对内建电场的影响很明显。但是，当垒的厚度不同时，压力对电场的影响并不十分明显。对无限厚垒和有限厚垒的量子阱，压力从 0 增加到 10GPa 时，内建电场增加的百分比分别为 3.95%（无限厚垒）和 4.23%（有限厚垒）

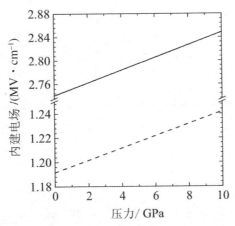

图 5.8　无限厚垒（实线）和有限厚垒（虚线）应变纤锌矿 $GaN/Al_{0.3}Ga_{0.7}N$ 量子阱中内建电场随流体静压力的变化关系

图 5.9 给出了无限厚垒和有限厚垒应变纤锌矿量子阱中受电子-空穴气屏蔽影响的激子结合能随电子-空穴气体密度的变化关系。如图所示，两种情况下，激子结合能都随电子-空穴气密度的增加先缓慢增加到一个最大值，之后当密度值大于 $1\times10^{15}/m^2$ 时，结合能迅速降低。由于有限厚垒的量子阱中内建电场比无限厚垒情形小，前者激子结合能明显大于后者。这是由于，电场将导致电子和空穴向相反方向运动，使激子结合能减小，电场越强结合能越小。无限厚垒量子阱中的内建电场强度几乎是有限厚垒情形的两倍，相比有限厚垒量子阱的结合能后者的结合能下降 11.4%。这样，内建电场的影响将削弱量子限制效应。对于电子-空穴气体密度较大的情况，由于受到电子-空穴气屏蔽影响的增强以及与内建电场作用的相互竞争，这将导致垒的厚度对结合能的影响减弱。

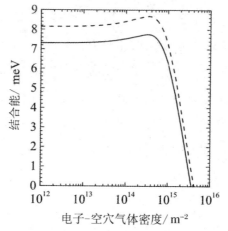

图 5.9 零压力时，无限厚垒（实线）和有限厚垒（虚线）应变纤锌矿 GaN/Al$_{0.3}$Ga$_{0.7}$N 量子阱中受到电子-空穴气体屏蔽影响的激子结合能随电子-空穴气体密度的变化关系

图 5.10 给出了无限厚垒和有限厚垒量子阱中激子结合能随流体静压力的变化关系。图中显示，激子结合能在无限厚和有限厚垒情形时均随压力的增加近似线性增加。有限厚垒量子阱中的结合能相比于无限厚垒情形增加了 11.6%。

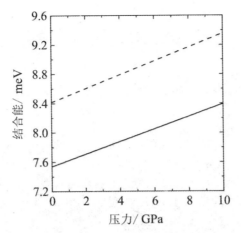

图 5.10　电子-空穴密度为 $1\times10^{14}/m^2$ 时，无限厚垒（实线）和有限厚垒（虚线）应变纤锌矿 GaN/Al$_{0.3}$Ga$_{0.7}$N 量子阱中激子结合能随压力的变化关系

图 5.11 给出了无限厚垒应变纤锌矿 GaN/Al$_{0.3}$Ga$_{0.7}$N 量子阱中激子结合能在不同压力下随电子-空穴气体密度的变化关系。5GPa 和 10GPa 压力时，激子结合能随电子-空穴气密度的变化趋势与零压情形下的趋势相似。由图可知，电子-空穴气密度较低时激子结合能较稳定，随后缓缓达到最大值。这一结果定性与参考文献 [15] 的结果相符。在本图中我们还以长短虚线给出了参考文献 [55-56] 中定义的激子结合能在零压力时随电子-空穴气密度的变化曲线。显见，由于电子（或空穴）的费米能级随电子-空穴气密度的增加逐渐增加（或减小），当密度较大时，两种定义下的激子结合能的区别更加明显。电子-空穴气体密度从 $1\times10^{12}/m^2$ 变化到 $1\times10^{15}/m^2$ 时，两种定义下的结合能差的百分比从 0.02% 增加到 22.5%。需要指出的是电子-空穴气体密度很大时，激子将坍塌，结合能降低为零，此时 Pikus 的变分波函数[50]存在局限性。

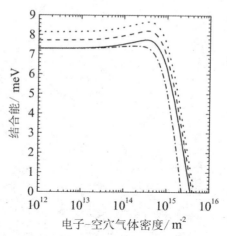

图 5.11 压力为 0GPa（实线），5GPa（虚线）和 10GPa（点虚线）时，无限厚垒应变纤锌矿 GaN/Al$_{0.3}$Ga$_{0.7}$N 量子阱中激子结合能随电子 - 空穴气密度的变化关系

图 5.12 给出了当电子 - 空穴气体密度分别为 1×10^{13}/m^2，1×10^{14}/m^2 和 1×10^{15}/m^2 时，无限厚垒应变纤锌矿 GaN/Al$_{0.3}$Ga$_{0.7}$N 量子阱中激子结合能随压力的变化关系。图中显示，给定电子 - 空穴气体密度值时，结合能随压力的增加近似线性增加。当电子 - 空穴气体密度分为 1×10^{13}/m^2，1×10^{14}/m^2 和 1×10^{15}/m^2 时，随着压力从 0 增加到 10GPa，激子结合能分别增加 11.41%，11.36% 和 18.98%。参考文献 [15-16] 给出了零压力情况下激子结合能随电子 - 空穴气密度的变化关系并给出了相关解释。对于压力效应的考虑得知，电子 - 空穴气体密度较低时，压力对屏蔽和排斥效应的影响甚微，而大于等于 1×10^{15}/m^2 密度时，压力将显著增加抵消这一效应。结合图 5.11 可知，压力增强激子的稳定性的同时降低其随电子 - 空穴气体密度变化时出现的最大值。

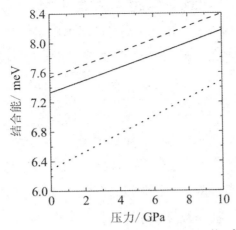

图 5.12 电子－空穴气体密度分别为 $1\times10^{13}/m^2$（实线），$1\times10^{14}/m^2$（虚线）和 $1\times10^{15}/m^2$（点虚线）时，无限厚垒应变纤锌矿 $GaN/Al_{0.3}Ga_{0.7}N$ 量子阱中激子结合能随压力的变化关系

归纳起来，本节考虑流体静压力的影响和电子－空穴气体的屏蔽效应，采用变分及自洽计算相结合的方法，计算了单轴及双轴应变纤锌矿 $GaN/Al_{0.3}Ga_{0.7}N$ 量子阱中的激子结合能。计入了自发及压电极化引起的内建电场，并得知内建电场随压力的增加而增加。激子结合能的计算结果表明，尤其当考虑到流体静压力对应变的调制作用和电子－空穴气体屏蔽影响时，结合能随压力的增加近似线性增加且其增长率受到电子－空穴气体密度的影响。压力明显增强了激子的稳定性，但稍稍降低了激子结合能随电子－空穴气体密度变化时出现的最大值。垒的厚度降低也会增加激子稳定性，从而削弱量子阱结构的量子限制效应。

（2）双量子阱中的结果与讨论

在计算过程中，我们假定 $x=0.3$ 且设边垒宽度 $d_{sb}=4a_B$，重点比较有无应变两种情况。

图 5.13 给出左阱和右阱宽度相同时，在不同中间垒宽情形下激子结合能 E_b 随阱宽的变化关系。需要指出的是，由于波函数归一化过程的纰漏，导致哈斯花等人所计算出的激子结合能 E_b 偏低[19]。若不考虑应变，阱结构为双方阱结构，随着阱宽从较小值逐渐增大，E_b 将出现一极大值。这一结论与前人的工作如文献 [6] 和 [7] 定性一致。相比较而言，应变极大地降低了 E_b。随着阱宽的增加，E_b 快速降低到一固定的极小值，并无极大值出现。这种现象大致可归结为量子

限制效应和内建电场之间相互竞争的结果。阱宽的增加,一方面降低阱中的内场,另一方面却增强垒中的内场。相反,垒宽的增加则是增强阱中内场而减弱垒中内建电场。特别需要强调的是,双阱存在两种局域激子机制:①直接激子机制,即电子和空穴都局域在同一个阱中;②间接激子机制,即电子大多局域在右阱中而空穴局域在左阱中。若不考虑内建电场,电子和空穴波函数则分布在双阱的所有区域,且电子和空穴在左右阱中的概率相等。两种激子机制都有可能存在于这类阱结构中。阱越宽,电子和空穴之间离得越远,从而导致结合能越小。一旦考虑内建电场,系统的对称性将遭到破坏,结果是内建电场迫使空穴波函数局限在右阱而使电子波函数集中在左阱,且由于垒中反向内建电场的影响,电子朝垒中的隧穿亦变得困难,则电子和空穴基本分离在各自不同的阱中。多数情形下,仅有间接激子存在,使得 E_b 快速降低且无峰值。

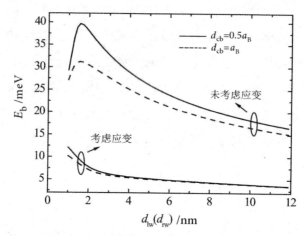

图 5.13 GaN/Al$_x$Ga$_{1-x}$N 对称双量子阱中激子结合能随左(右)阱宽的变化关系

为了理解直接激子和间接激子之间的转变,我们转向非对称双量子阱结构。图 5.14 给出考虑和不考虑应变影响时,结合能 E_b 随左阱宽度 d_{lw} 或右阱宽度 d_{rw} 的变化关系。当内建电场为零(或无应变)时,取 $d_{rw}=a_B$ 而增加 d_{lw},E_b 首先在 $d_{lw}=d_{rw}$ 时,减小到一极小值,然后增加到一极大值,最后再次减小。对此解释如下:当 $d_{lw}<d_{rw}$,随着 d_{lw} 增加,电子和空穴的波函数均扩展到中间垒当中,且进一步隧穿到窄阱,造成库仑作用削弱和结合能降低。尤其当 $d_{lw}=d_{rw}$ 时,电子和空穴的波函数对称分布在双量子阱中,二者在两个阱中的概率相同,这时,

既有直接激子又有间接激子，且间接激子出现的概率达到最大，使得 E_b 达到最小。$d_{lw}>d_{rw}$ 的情况类似于 $d_{lw}<d_{rw}$，只是波函数分布在另一阱中。可以清楚地看到，增加中间垒宽 d_{cb} 将减弱间接激子的结合或者增强直接激子的结合。然而，内应变诱导很强的内建电场，使电子和空穴出现在不同的阱中，使得只有间接激子而大大降低 E_b。

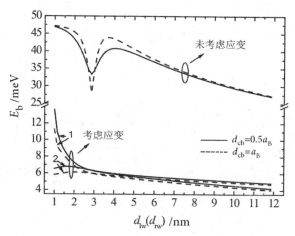

图 5.14　GaN/Al$_x$Ga$_{1-x}$N 非对称双量子阱中激子结合能随左（右）阱宽的变化关系

由图 5.15 所示的结果可以看出，若使 d_{lw} 和 d_{rw} 其中之一变化而另一个固定，结果并不完全一样。一方面，固定 $d_{rw}=a_B$，随着 d_{lw} 从一较小值增加时，E_b 首先明显降低然后再缓慢降低。由于 $d_{lw}<d_{rw}$，电子和空穴都可能出现在右阱当中导致右阱的限域作用增强。虽然内建电场使二者的波函数朝相反方向分离，此时的激子可称为类直接激子。但是，随着左阱变得很宽直至 $d_{lw}>d_{rw}$，电子的左阱势垒变低而右阱势垒仍然不变，而空穴的电势却是左边高。因此，电子逐渐朝左阱移动而空穴仍限制在右阱中，导致间接激子出现。另外，若 $d_{lw}=a_B$，增加 d_{rw} 则 E_b 稍微有所增加然后小幅降低。对于电子来说，左阱始终较深；而右阱对于空穴则较浅，电子和空穴则分布在不同阱区域。此时，主要为间接激子，故 E_b 很小。

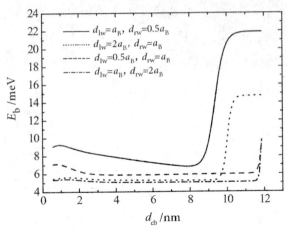

图 5.15 GaN/Al$_x$Ga$_{1-x}$N 双量子阱中激子结合能随中间垒宽的变化关系

图 5.15 还给出当阱宽固定且 $d_{lw} \neq d_{rw}$ 时，E_b 随 d_{cb} 的变化关系。结果表明，当 d_{cb} 小于某一值而 $d_{lw} > d_{rw}$，电子和空穴波函数几乎没有交叠，使得 E_b 几乎不随 d_{cb} 改变。但是，当进一步增加 d_{cb}，由于电子从左阱移动到右阱与空穴会和，激子由间接型变为直接型，E_b 会突然增加。上述现象也会在 $d_{lw} < d_{rw}$ 情形下出现，此时，空穴从右阱移动到左阱而电子始终局域在左阱。需特别指出的是，由于右阱电势对于空穴来说有所抬高，需中间垒较宽时才更易出现此类现象。

我们发现应变对激子结合能的主要影响来源于自发极化和压电极化引起的内建电场，而材料参数的应变调制作用则效果不甚明显。需进一步指出的是，由于忽略了各向异性应变对价带结构和空穴有效质量的影响，我们所使用的简单模型即单能带近似和变分计算比起 kp 微扰方法精确程度有所降低[58]。

2. 考虑电声子相互作用情形

在上面关于应变纤锌矿 GaN/AlGaN 量子阱中受屏蔽激子压力效应的基础上，进一步考虑电子空穴等离子气体对激子的屏蔽以及激子–声子相互作用，结合变分法和自洽计算探讨应变纤锌矿 GaN/In$_x$Ga$_{1-x}$N 单量子阱中的激子态。如图 5.16 所示，In 组分 $x=0.056$ 和 $x=0.34$ 为声子模式发生转变的临界组分。所有局域声子（CO）和半空间声子（HS）存在于整个组分变化范围中，而组分低于 0.056 时，界面声子（IF）声子不存在，组分高于 0.34 时，低频 PR 声子也不存在。而且，仅有高频 IF 声子模和低频 PR 声子模存在于 0.056～0.34 之间的组分范围中。鉴于上述结论，在 0.1<x<1 时，我们只关注类 LO 的 IF 声子模，CO 声子模和 HS 声子模对激子态的极化子效应，而忽略贡献较小的低频声子模和 PR 声子模。在计算中，取边垒厚度为 $4a_B$。

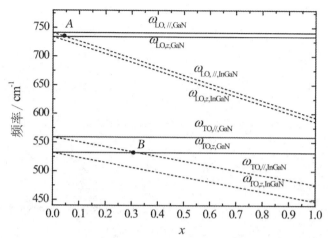

图 5.16　$In_xGa_{1-x}N$ 三元合金材料中光学声子模频率随组分的变化关系（实线代表 GaN 材料的声子频率）

图 5.17 给出了激子结合能 E_b 随阱宽 d_w 的变化关系，此时 $x=0.4$，且假设 2DEHG 面密度 N_s 为零。图中的虚双点线、点线、虚点线、虚线和实线分别代表不考虑声子、仅考虑 CO 声子、仅考虑 IF 声子、仅考虑 HS 声子和考虑三种声子的结果。可以发现，无论是否计及声子效应，随着 d_w 的增加，E_b 都先增加而后迅速降低。因电子和空穴之间的库仑耦合受到声子云的屏蔽，电 – 声子相互作用对 E_b 产生负贡献。随着 d_w 的增加，IF 声子对结合能的贡献先增后减，CO 声子贡献则始终增加，而 HS 声子的贡献则是降低到某一较小值后再稍微增加。可是，内建电场使得结果极为不同。一方面，电子和空穴受内建电场分离，明显降低 E_b。尤其在 d_w 很大时，两者的波函数很少有交叠，使得 E_b 最终并不趋于 GaN 体材料的激子结合能，而是趋于零。另一方面，内建电场使波函数都集中在量子阱的界面附近，其结果是激子与 IF 声子的相互作用始终影响 E_b，并且由于波函数隧穿到垒中的缘故，激子与 HS 声子的相互作用也一直降低电子和空穴之间的结合。随着阱宽 d_w 的增加，阱中的内建电场强度降低，而垒中的内建电场则增强，因而 CO 声子的影响变得更加明显。值得提及的是，电子和空穴

波函数相对于原点的对称性受到破坏，而引起激子与反对称声子之间的耦合作用同样对 E_b 有所影响。

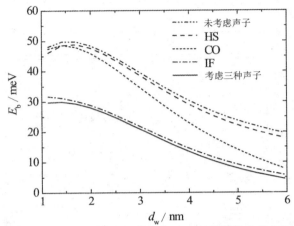

图 5.17　GaN/In$_{0.4}$Ga$_{0.6}$ 量子阱中激子结合能随阱宽的变化关系

图 5.18 给出 E_b 随 x 的变化关系，其中 N_s 取为零，d_w 为 a_B。组分 x 增加即抬高势垒高度，使得载流子的量子限制作用增强。但是，阱和垒中的内建电场也有所增加而削弱量子限制效应，则降低电子和空穴之间的库仑耦合作用。若从波函数的角度理解，阱中的内建电场增加，使得电子和空穴更多分布在界面的相反方向，而垒中内建电场增加则阻止波函数朝垒中隧穿。增强的内建电场对 E_b 的影响比势垒的增加带来的影响更为显著，造成无论是否考虑声子效应 E_b 随 x 都单调地减小。

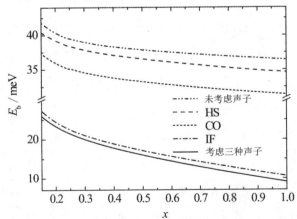

图 5.18　GaN/In$_x$Ga$_{1-x}$N 量子阱中激子结合能随组分的变化关系

图 5.19 给出 $x=0.4$ 和 $d_w=a_B$ 时，E_b 随 N_s 的变化关系。显见，随着 N_s 的增加，无论是否考虑声子影响，E_b 首先缓慢增加到某一极大值后快速降低。当 N_s 超过 10^{12}cm^{-2}，激子发生解体。还可看出，随着 N_s 的增加，总的声子贡献起先几乎保持常量，然后迅速降低，最后则稍许增加。这是因为 2DEHG 增大了激子玻尔半径 $1/\lambda$ 从而降低电子和空穴之间的库仑束缚，使得各类电声子相互作用的区别不明显而且对结合能的贡献变小。相反地，特别在高浓度 2DEHG 时，激子–声子相互作用也对 2DEHG 屏蔽效应有所抑制。遗憾的是，由于变分波函数的局限性，这一机制仍不十分清楚。需要特别说明的是，Pikus 的变分波函数形式为准二维近似并不适合于高浓度 2DEHG 情形（此时激子已解体）和很宽的量子阱情形。这一困难需要在以后的工作中加以克服。另外，CO 声子模、IF 声子模和 HS 声子模单独贡献的变化趋势类似于声子的总贡献，比较起来，IF 声子和 2DEHG 屏蔽效应的交叉影响更为明显。

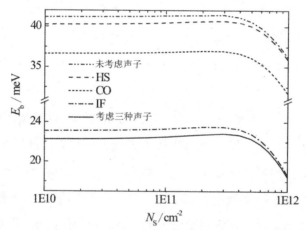

图 5.19　GaN/In$_x$Ga$_{1-x}$N 量子阱中激子结合能随 2DEHG 面密度的变化关系

5.6 小结

在波函数数值计算方法的基础上，我们进一步讨论了氮化物应变量子阱结构中受屏蔽激子态的压力效应。对于闪锌矿结构的氮化物材料构成的量子阱结构，考虑到极化及应变等在不同取向量子阱结构中呈现出很多不同特点，首先分别讨论了 [001] 和 [111] 取向应变闪锌矿 GaN/Al$_{0.3}$Ga$_{0.7}$N 量子阱的激子问题。结果表明，尽管考虑了压力对单轴应变及双轴应变的调制，两种取向闪锌矿量子阱中的激子结合能均随压力的增加近似线性增加。激子结合能随着电子－空穴气密度的增加均出现缓慢增至最高值后迅速降低的趋势。但与[001]轴向生长的应变量子阱中相应结果比较可知，[111]轴向量子阱情形下激子结合能出现的上升趋势更加显著。

再者，考虑到氮化物半导体具有纤锌矿和闪锌矿两种不同结构，本章讨论了纤锌矿[0001]取向应变量子阱中的激子态，并给出了自发及压电极化引起的内建电场随压力的增加而增加的结果。尽管计入应变及内建电场等重要因素的压力效应，激子结合能随流体静压力的增加仍近似线性增加，且发现其增长率受到电子－空穴气密度的影响。

最后，我们进一步采用变分法和数值计算相结合的方法研究应变纤锌矿 GaN/Al$_x$Ga$_{1-x}$N 耦合双量子阱中激子的结合能。主要考虑应变对材料参数的调制作用和内建电场对激子结合能的影响，给出激子结合能随结构尺度包括非对称量子阱的阱宽和中间垒宽的变化关系。计算结果表明，内建电场的强度很大，且易受结构尺度的调节，它对激子结合能起决定性作用。由于内建电场的影响，在非对称双量子阱中几乎都是间接激子，而且其结合能很小并对结构尺度的变化反应不敏感。在非对称情况下结合能随左右阱以及中间垒的宽度变化与对称结构完全不同。然后，考虑激子－声子相互作用的影响以及2DEHG屏蔽效应，利用LLP变分法和自洽计算的方法，较为详细地探讨应变纤锌矿 GaN/In$_x$Ga$_{1-x}$N 单量子阱中激子态的极化子效应。结果显示，内建电场、激子－声子相互作用以及电子－空穴气体都降低电子和空穴的库仑耦合作用而减小激子结合能。前者主要分离电子和空穴在 z 方向的波函数，后两者则增加激子玻尔半径。与此同时，内建电场所引起的波函数分布的改变又导致不同声子模式对结合能的贡献各异。需要指出的是，在电子与各支光学声子（界面IF、局域CO和半空间HS）相互作用中，界面IF光学声子对激子结合能始终起决定性作用。2DEHG不仅屏蔽内建电场，也减小激子结合能的极化子效应，而且较高浓度的二维电子空穴气体甚至造成激子失稳。

参考文献

[1]LEAVITT R P, LITTLE J W.Simple method for calculating exciton binding energies in quantum-confined semiconductor structures[J].Physical Review B, 1990, 42（18）: 11774-11783.

[2]WINKLER R.Excitons and fundamental absorption in quantum wells[J].Physical Review B, 1995, 51（20）: 14395-14409.

[3]ZHAO G J, LIANG X X, et al.Polaron effect on the binding energies of excitons in quantum wells under hydrostatic pressure[J].Physica Status Solidi C, 2009, 6（1）: 185-188.

[4]CHEN W Q, ANDERSSON T G.Quantum-confined Stark shift for differently shaped quantum wells[J].Semiconductor Science and Technology, 1992, 7（6）: 828-836.

[5]DE DIOS-LEYVA M, DUQUE C A, et al.Calculation of direct and indirect excitons in GaAs/Ga$_{1-x}$Al$_x$As coupled double quantum wells: The effects of in-plane magnetic fields and growth-direction electric fields[J].Physical Review B, 2007, 76（7）: 075303.

[6]KAMIZATO T, MATSUURA M.Excitons in double quantum wells[J].Physical Review B, 1989, 40（12）: 8378-8384.

[7]ZHA Q X O, MONEMAR B, et al.Binding energies and diamagnetic shifts for free excitons in symmetric coupled double quantum wells[J].Physical Review B, 1994, 50（7）: 4476-4481.

[8]DE-LEON S, LAIKHTMAN B.Exciton wave function, binding energy, and lifetime in InAs/GaSb coupled quantum wells[J].Physical Review B, 2000, 61（4）: 2874-2887.

[9]ARAPAN S C, LIBERMAN M A.Exciton levels and optical absorption in

coupled double quantum well structures[J].Journal of Luminescence, 2005, 112 (14): 216-219.

[10]REYES-GOMEZ E, OLIVEIRA L, et al.Effects of applied magnetic fields on direct and indirect excitons in coupled semiconductor quantum wells[J].Physica Status Solidi B, 2005, 242 (9): 1829-1832.

[11]ZIMMERMANN R, SCHINDLER C.Exciton-exciton interaction in coupled quantum wells[J].Solid State Communications, 2007, 144 (9): 395-398.

[12]SZYMANSKA M H, LITTLEWOOD P B.Excitonic binding in coupled quantum wells[J].Physical Review B, 2003, 67 (19): 193305.

[13]WANG H, FARIAS G A, et al.Interface-related exciton-energy blueshift in GaN/Al$_x$Ga$_{1-x}$N zinc-blende and wurtzite single quantum wells[J].Physical Review B, 1999, 60 (8): 5705-5713.

[14]SHIELDS P A, NICHOLAS R J, et al.Magnetophotoluminescence of GaN/Al$_x$Ga$_{1-x}$N quantum wells: Valence band reordering and excitonic binding energies[J].Physical Review B, 2001, 63 (24): 245319.

[15]BIGENWALD P, KAVOKIN A, et al.Confined excitons in GaN/AlGaN quantum wells[J].Physica Status Solidi B, 1999, 216 (1): 371-374.

[16]BIGENWALD P, LEFEBVRE P, et al.Electron-hole plasma effect on excitons in GaN/Al$_x$Ga$_{1-x}$N quantum wells[J].Physical Review B, 2000, 61 (23): 15621-15624.

[17]BIGENWALD P, LEFEBVRE P, et al.Exclusion principle and screening of excitons in GaN/Al$_x$Ga$_{1-x}$N quantum wells[J].Physical Review B, 2001, 63 (3): 035315.

[18]POKATILOV E P, NIKA D L, et al.Excitons in wurtzite AlGaN/GaN quantum-well heterostructures[J].Physical Review B, 2008, 77 (12): 125328.

[19]HA S H, BAN S L.Binding energies of excitons in a strained wurtzite GaN/AlGaN quantum well influenced by screening and hydrostatic pressure[J].Journal of

Physics: Condensed Matter, 2008, 20(8): 085218.

[20]TRAETTA G, CINGOLANI R, et al.Many-body effects on excitons properties in GaN/AlGaN quantum wells[J].Applied Physics Letters, 2000, 76(8): 1042-1044.

[21]SMITH M, LIN J Y, et al.Exciton-phonon interaction in InGaN/GaN and GaN/AlGaN multiple quantum wells[J].Applied Physics Letters, 1997, 70(21): 2882-2884.

[22]KALLIAKOS S, ZHANG X B, et al.Large size dependence of exciton longitudinal optical phonon coupling in nitride-based quantum wells and quantum boxes[J].Applied Physics Letters, 2002, 80(3): 428-430.

[23]MAKINO T, TAMURA K, et al.Size dependence of exciton longitudinal optical phonon coupling in ZnO/Mg$_{0.27}$Zn$_{0.73}$O quantum wells[J].Physical Review B, 2002, 66(23): 233305.

[24]GRAHAM D M, SOLTANI-VALA A, et al.Optical and microstructural studies of InGaN/GaN single-quantum-well structures[J].Journal of Applied Physics, 2005, 97(10): 103508.

[25]HU X L, ZHANG J Y, et al.The exciton-longitudinal-optical-phonon coupling in InGaN/GaN single quantum wells with various cap layer thicknesses[J]. Chinese Physics B, 2010, 19(11): 117801.

[26] 屈媛, 班士良. 纤锌矿氮化物量子阱中光学声子模的三元混晶效应[J]. 物理学报, 2010, 59(7): 4863-4873.

[27]QU Y, BAN S L.Ternary mixed crystal effect on electron mobility in a strained wurtzite AlN/GaN/AlN quantum well with an In$_x$Ga$_{1-x}$N nanogroove[J].Journal of Applied Physics, 2011, 110(1): 013722.

[28]CHEN D, LUO Y, et al.Ehhancement of electron-longitudinal optical phonon coupling in highly strained InGaN/GaN quantum well structures[J].Journal of Applied Physics, 2007, 101(5): 053712.

[29]CUI J, SHI J J.Exciton states in wurtzite InGaN/GaN quantum wells: Strong built-in electric field and interface optical-phonon effects[J].Solid State Communications, 2008, 145（5）: 235-240.

[30]KOMIRENKO S M, KIM K W, et al.Dispersion of polar optical phonons in wurtzite quantum wells[J].Physical Review B, 1999, 59（7）: 5013-5020.

[31]LEE B C, KIM K W, et al.Optical-phonon confinement and scattering in wurtzite heterostructures[J].Physical Review B, 1998, 58（8）: 4860-4865.

[32]STROSCIO M A, DUTTA M.Phonons in nanostructures[M].Cambridge: Cambridge university press, 2004.

[33]SHI J J.Interface optical-phonon modes and electron – interface-phonon interactions in wurtzite GaN/AlN quantum wells[J].Physical Review B, 2003, 68(16): 165335.

[34]SHI J J, CHU X L, et al.Propagating optical-phonon modes and their electron-phonon interactions in wurtzite GaN/Al$_x$Ga$_{1-x}$N quantum wells[J].Physical Review B, 2004, 70（11）: 115318.

[35]LI L, LIU D, et al.Electron quasi-confined-optical-phonon interactions in wurtzite GaN/AlN quantum wells[J].The European Physical Journal B, 2005, 44(4): 401-413.

[36]CHUU D S, WON W L, et al.Longitudinal-optical-phonon effects on the exciton binding energy in a semiconductor quantum well[J].Physical Review B, 1994, 49（20）: 14554-14563.

[37]ANTONELLI A, CEN J, et al.Binding energies of excitons in ionic quantum well structures[J].Semiconductor Science and Technology, 1996, 17（11）: 1343-1347.

[38]MOUKHLISS S, FLIYOU M, et al.Longitudinal-optical-phonon effects on excitons in GaAs-Ga$_{1-x}$Al$_x$As quantum well[J].Physics Status Solidi B, 1996, 196(1): 121-130.

[39]CEN R, BAJAJ K K.Effect of exciton-optical phonon interactions on the binding energies of excitons in ionic quantum well structures[J].Physics Status Solidi B, 1997, 199（2）: 417-426.

[40]GERLACH B, WUSTHOFF J, et al.Ground-state energy of an exciton-LO phonon system in a parabolic quantum well[J].Physical Review B, 1999, 60（24）: 16569-16583.

[41]ZHENG R, TAGUCHI T, et al.Properties of $Ga_{1-x}In_xN$ mixed crystals and $Ga_{1-x}In_xN$/GaN quantum wells[J].Journal of Applied Physics, 2000, 87（5）: 2526-2532.

[42]GUO Z Z, LIANG X X, et al.Pressure-induced increase of exciton-LO-phonon coupling in a ZnCdSe/ZnSe quantum well[J].Physics Status Solidi B, 2003, 238（1）: 173-179.

[43]WANG Z P, LIANG X X, et al.Polaron effects on excitons in parabolic quantum wells: Fractional-dimension variational approach[J].The European Physical Journal B, 2007, 59（1）: 41-46.

[44]WANG Z P, LIANG X X.Electron-phonon effects on Stark shifts of excitons in parabolic quantum wells: Fractional-dimension variational approach[J].Physics Letters A, 2009, 373（30）: 2596-2599.

[45]ONODERA C, YOSHIDA M.Effect of dielectric mismatch on exciton binding energy in ZnS/Mg_xZn_{1-x}S quantum wells[J].E Journal of Surface Science & Nanotechnology, 2010, 8: 145-151.

[46]SENGER R T, BAJAJ K K.Binding energies of excitons in II-VI compound semiconductor based quantum well structures[J].Physics Status Solidi B, 2004, 241（8）: 1896-1900.

[47]XIE H J, CHEN C Y.The influence of different phonon modes on the exciton energy in a quantum well[J].Journal of Physics: Condensed Matter, 1994, 6（5）: 1007-1018.

[48]ZHU J L, TANG D H, et al.Subbands and excitons in GaAs/Ga$_{1-x}$Al$_x$As quantum wells with different shapes in an electric field[J].Physical Review B, 1989, 39(12): 8609-8615.

[49]KALLIAKOS S, LEFEBVRE P, et al.Nonlinear behavior of photoabsorption in hexagonal nitride quantum wells due to free carrier screening of the internal fields[J].Physical Review B, 2003, 67(20): 205305.

[50]PIKUS F G.Exciton in quantum wells with a two-dimensional electron gas[J]. Soviet Physics Semiconductors, 1992, 26: 26-32.

[51]HASBUN J E, NEE T W.Application of a transient-hot-electron-transport Green's-function approach to a two-dimensional model of a GaAs/Al$_x$Ga$_{1-x}$As heterojunction[J].Physical Review B, 1991, 44(7): 3125-3132.

[52]PERLIN P, MATTOS L, et al.Reduction of the energy gap pressure coefficient of GaN due to the constraining pressure of the sapphire substrate[J].Journal of Applied Physics, 1999, 85(4): 2385-2389.

[53]WAGNER J M, BECHSTEDT F.Properties of strained wurtzite GaN and AlN: Ab initio studies[J].Physical Review B, 2002, 66(11): 115202.

[54]ADACHI S.GaAs, AlAs, and Al$_x$Ga$_{1-x}$As Material parameters for use in research and device applications[J].Journal of Applied Physics, 1985, 58(3): R1-R29.

[55]BAN S L, HASBUN J E.Interface polarons in a realistic heterojunction[J]. The European Physics Journal B, 1999, 8(3): 453-461.

[56] TING D Z-Y, CHANG Y-C. Γ-X mixing in GaAs/Al$_x$Ga$_{1-x}$As and Al$_x$Ga$_{1-x}$As/AlAs superlattices[J].Physical Review B, 1987, 36(8): 4359-4374.

[57]GONI A R, SYASSEN K, et al.Effect of pressure on the refractive index of Ge and GaAs[J].Physical Review B, 1990, 41(14): 10104-10110.

[58]BIR G L, PIKUS G E.Symmetry and strained induced effects in semiconductors[M].New York: Wiley, 1974.

第六章 GaN 量子阱中的电子子带跃迁

6.1 引言

随着由Ⅲ族氮化物化合物和 ZnO 等材料构成的应变纤锌矿量子阱在照明和光纤通信领域内的应用发展，其电子导带带内跃迁以及导带和价带之间的跃迁问题受到更多关注。我们知道，很多学者通过结构调节以及施加外场包括电场、磁场、激光场以及压力等方式研究了闪锌矿量子阱以及台阶量子阱中电子的子带间跃迁问题[1-5]。这些工作不仅给出了吸收峰的结构而且仔细讨论了不同条件不同量子阱结构中的子带跃迁波长。与传统的闪锌矿异质结构相比，纤锌矿量子阱材料具有更宽的带隙，比如 InN，GaN，AlN 和 ZnO 的禁带宽度分别为 0.64eV，3.43eV，6.14eV 和 3.37eV，且由它们所构成的三元混金乃至四元混金材料如 InGaN，AlGaN，MgZnO，AlGaInN 等的禁带宽度还可通过调节组分而加大其覆盖范围，加之它们的电子有效质量也很大，使得其电子子带跃迁的吸收波长可在更广的频率范围内加以裁剪。Khan 等[6]测量了不同阱宽及组分条件下 GaN/Al$_x$Ga$_{1-x}$N 量子阱的发光谱，发现光谱峰值在 GaN 体材料和量子阱之间存在较大的差别（平均可达近 35.5meV），当阱宽在 10 ~ 30nm 变化时，谱线红移在 2 ~ 18meV 变化。Minsky 等[7]比较了 In$_{0.2}$Ga$_{0.8}$N/GaN 单阱和多阱发光谱，并观察到单阱光谱峰值较多阱有明显的红移。Leroux 等人[8]指出内建电场使 GaN/AlGaN 多层量子阱中的光谱随垒厚发生蓝移，同时，内场导致电子空穴在空间上的分离，从而降低纤锌矿氮化物基光学器件的发光性能。Ichimiya[9]研究了单轴应力对 GaN/In$_x$Ga$_{1-x}$N 量子阱发光谱的影响。大量实验给出应变调制的纤锌矿量子阱中吸收谱的峰值位置与 1-2、1-3 等子带跃迁的对应关系[10-13]。理论上，有学者[14-15]探讨了氮化物量子阱中的线性和非线性光学吸收，其中电子本征态则是通过Airy函数解析求解一维薛定谔方程获得。Cai等[16]利用密度泛函理论详细讨论了纤锌矿GaN量子阱的非线性光学性质。不少学者在Hartree-Fock近似下考虑多电子效应，总结出一套行之有效的迭代算法数值求解掺杂应变量子阱中的子带跃迁[17-18]。计算结果均显示出由内建电场引起的吸收峰的量子局域斯塔克效应和二维电子气（2DEG）引起的屏蔽效应。最近几年，北京大学沈波研究小组[19-23]对由氮化物耦合双量子阱中的电子子带间跃迁问题做了一系列工作，讨论了该低维结构中四能级体系的跃迁波长和吸收谱变化。但是，由于他们仅考虑了阱中的压电极化而忽略了垒中的压电极化，从而低估了内建电场的大小，另外他们理论假设的外电场也高达MV/cm量级，很难在实际器件研制中进行操作。Belmoubarik等人[24]也相继在实验上研究了ZnO/Mg$_x$Zn$_{1-x}$O量子阱中的子带跃迁并总结了ZnO材料量子阱子带吸收的独特性质。近期，Wei等[25]报道了内建电场对激子光学吸收谱的影响，给出激子跃迁的计算模型。另外，在实验上已成功制备诸如GaN/AlGaN[26]，InGaN/GaN[27-28]和GaN/ZnO[29]等核壳结构纳米线材料及器件。王振海等[30]利用第一性原理研究沿[0001]取向GaN/ZnO核壳结构纳米线的电子结构，并讨论了内场和量子限制效应对能带和带阶的调制。Maur等[31]采用有限元法理论模拟InGaN/GaN核壳结构纳米线LED的发光性能，讨论了In组分、压电和自发极化等多种因素对LED量子效率的影响。Li等[32]亦采用有限元法理论模拟了InGaN/GaN多量子阱核壳结构纳米线LED的发光效率。内蒙古大学屈媛等人[33-34]通过数值计算理论研究了纤锌矿氮化物核壳结构纳米线的光学声子模式和电子子带间跃迁性质。但值得注意的是，其讨论仅限于电子由基态向第一激发态的跃迁且忽略了该类非对称纳米线结构中重要的应变及内建电场效应。Jacopin等[26]利用PL谱和kp理论模型研究了GaN/AlGaN核壳结构纳米线的光学极化性质。Yalavarthi等[35]亦采用数值计算研究了压电极化在GaN/InN纳米线光电性质的重要影响。最近，该小组[36]详细考虑极化效应，分析讨论InGaN/GaN纳米线中的电子态和带间跃迁率。Pavloudis等[37]基于原子间电位的分子动力学和从头计算被用来研究结构特性对GaN/AlN核壳纳米线的电子和热性能的影响。吴木生等[38]采用第一性原理方法计算了

ZnO/GaN 核壳异质结的电子结构和光学特性。上述工作将有益于人们进一步展开有关 GaN 基核壳结构纳米线中的电子态与光吸收的研究工作。

基于费米黄金法则，很多学者研究了闪锌矿晶体单量子阱、台阶量子阱、双量子阱以及多量子阱中光学声子辅助的电子子带间跃迁的动力学性质[39-48]。研究表明，可以通过优化结构来调节电子跃迁率以期益于实际快速量子器件的开发利用。但是，这些工作并未充分考虑量子阱结构中所有的声子模式，大部分学者仅仅关注界面声子（或者局域声子）对电子的散射。再者，他们往往在确保能量和动量守恒的 δ 函数中忽略了声子色散关系。即便部分学者考虑了声子能量与波矢的函数关系，却又忽略了对初态和末态动量之间的夹角积分。Park 等[49-50]考虑了 2DEG 的影响，利用格林函数公式计算了闪锌矿和纤锌矿量子阱中子带跃迁的电声子散射率，但在他们的计算当中并未涉及详细的声子模式而采用体声子近似下的一级电子自能修正。2004 年，Pokatilov 等[51]研究了纤锌矿量子阱中声学声子散射引起的电子子带跃迁，讨论了极化效应对声子散射率的影响。而后，Komirenko[52] 和 Lü[53] 等人忽略内建电场作用，研究了纤锌矿量子阱和双量子阱中界面和局域光学声子散射的子带跃迁率，发现声子的色散关系以及量子化特征对散射率有着显著影响。然而，较少有人详细考虑纤锌矿量子阱结构中可能存在的各种光学声子模和内建电场以及 2DEG 的综合作用来讨论声子辅助跃迁性质。

如何提高纤锌矿量子阱光学器件的量子效率，利用更多能级系统的子带跃迁，克服主要因内建电场而导致的载流子波函数（特别是激发态波函数）溢出阱结构有效区域的问题，成为应变纤锌矿量子阱中电子的子带间跃迁的研究重点和难点。本章主要通过调节量子阱结构的非对称性和优化结构尺寸，例如增加量子阱单一势垒的高度（或替换为带隙更宽的材料）、施加外电场、增强双阱耦合、在阱中心插入纳米凹槽层乃至采用径向受限的核壳结构纳米线等，克服主要因内建电场而导致的波函数（特别是激发态波函数）溢出阱结构有效区域的问题，以期获得器件实际应用所需的光学吸收频谱和波长。还考虑应变纤锌矿量子阱中各类光学声子对电子的散射作用，讨论电子子带间跃迁的动力学性质。

6.2 GaN 量子阱中的电子子带跃迁

本节主要通过调节量子阱结构的非对称性和优化结构尺寸，例如增加量子阱单一势垒的高度或替换为带隙更宽的材料、施加外电场、增强双阱耦合以及在阱中心插入纳米凹槽层等，克服主要因内建电场而导致的波函数特别是激发态波函数溢出阱结构有效区域的问题，以期获得器件实际应用所需的光学吸收频谱和波长。

6.2.1 理论计算模型

在有效质量近似下，电子在量子阱结构 z 方向的薛定谔方程写为

$$\left\{-\frac{\hbar^2}{2}\frac{\partial}{\partial z}\left(\frac{1}{m_i(z)}\frac{\partial}{\partial z}\right)+V(z)+eF(z)z+V_H(z)+V_{xc}(z)\right\}\phi_n(z)=E_n\phi_n(z) \quad (6.1)$$

式中，静电势 $V_H(z)$ 又称为 Hartree 静电势，可由第二章（2.22）式至（2.25）式加以计算。

利用局域密度近似，方程（6.1）中交换关联势可表示为以下解析式[17]

$$V_{xc}(z)=\frac{e^2}{4\pi^2\varepsilon_0(z)a_B(z)r_s(z)}\left(\frac{9\pi}{4}\right)^{1/3}\left\{1+0.0545r_s(z)\ln\left[\frac{11.4}{r_s(z)}\right]\right\} \quad (6.2)$$

式中，$r_s(z)=\{(3/4\pi)[a_B^3(z)N(z)]^{-1}\}^{1/3}$，亦如第二章（2.24）式。

利用第三章介绍的自洽计算方法，我们容易求得电子的本征能级和本征波函数。根据费米黄金法则，电子跃迁的光学吸收系数可表示为[15]

$$\alpha(\hbar\omega)=\sum_{m>n}\frac{\omega}{L}\sqrt{\frac{\mu}{\varepsilon_0(z)}}|M_{mn}|^2\frac{[N_n(z)-N_m(z)]\hbar/\tau}{(E_m-E_n-\hbar\omega)^2+(\hbar/\tau)^2} \quad (6.3)$$

式中，L 代表结构的总宽度，μ 是真空磁导率，τ 是退相时间或辐射推迟时间，跟电-声子相互作用相关，在本章的计算中我们假设为一常数，在后续章节中再详细讨论光学声子散射对 τ 的影响。

偶极矩阵元 M_{mn} 由以下表达式给出

$$M_{mn}=\int_{-L}^{+L}\phi_m^*(z)ez\phi_n(z) \quad (6.4)$$

需要指出的是，在前期工作当中，我们曾忽略多电子效应，用 Hasbun 等人[54]提出的公式给出费米能级

$$E_f(T) = k_B T \ln\left[\exp\left(\frac{E_f(0)}{k_B T}\right) - 1\right] \tag{6.5}$$

而零温下的费米能级是

$$E_f(0) = \frac{\pi N_s \hbar^2}{m(z)} \tag{6.6}$$

式中，N_s 直接表示 2DEG 面密度，此处并不考虑 2DEG 的诱导机制比如掺杂注入或光注入等方式。而在后期的工作当中，我们才在 Hartree-Fock 理论近似的框架下，考虑由掺杂导致的多电子效应。

6.2.2 非对称单量子阱情形

在本节中，我们计算 $Al_xGa_{1-x}N/In_yGa_{1-y}N/In_zGa_{1-z}N$ 单量子阱中的电子子带跃迁，并假设该量子阱结构的阱宽为 5nm。

我们先利用 $In_{0.3}Ga_{0.7}N/Al_{0.3}Ga_{0.7}N$ 量子阱作为实例讨论二能级系统。图 6.1 给出该量子阱的势阱结构、能级和相应的电子波函数。显见，内建电场强烈地倾斜量子阱的导带结构，使得电子波函数主要受限在三角势阱中，且部分隧穿到邻近垒区。经计算，这两个本征能级分别为 E_1=774.2meV 和 E_2=1455meV。

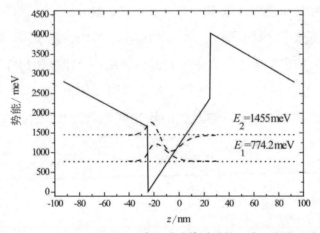

图 6.1 $In_{0.3}Ga_{0.7}N/Al_{0.3}Ga_{0.7}N$ 量子阱的势阱结构、能级和电子波函数

图 6.2 给出了有无内建电场影响下电子 1-2 跃迁的吸收系数随入射光子能量的变化关系。首先讨论不考虑内建电场的情形，可见吸收峰值出现在大约 320meV 的位置，换而言之，1-2 跃迁的跃迁波长即是 3.87μm。若考虑内建电场，

吸收峰则移向较高入射光子能量（682meV 附近），并且吸收峰的大小也相应增加。此时表明：跃迁能发生蓝移现象，电子基态和第一激发态的波函数交叠增加。对应的跃迁波长达到 1.82 μm。

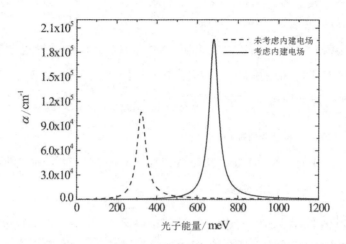

图 6.2　$In_{0.3}Ga_{0.7}N/Al_{0.3}Ga_{0.7}N$ 量子阱中光学吸收系数随入射光子能量的变化关系

从上述结果可以看出，由于内建电场降低了阱的量子限制作用，电子波函数比较容易隧穿到左边势垒当中。结果则是，具有分离能级的激发态容易超过左界面的导带带阶而变成连续态。为了限制波函数的隧穿而获得三能级系统，我们设计了如下量子阱结构即 $Al_{0.5}Ga_{0.5}N/In_{0.3}Ga_{0.7}N/GaN$ 量子阱。在该量子阱当中，左垒材料的禁带宽度大于右垒。它的势阱结构、能级和相应的电子波函数由图 6.3 给出。由图可见，左界面的导带带阶明显高于右界面，而且两个垒中内建电场的强度和方向也不一样。我们计算出三个能级分别为 E_1=781.5meV、E_2=1458meV 和 E_3=2014meV。

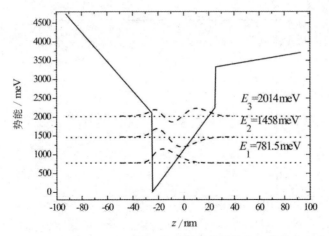

图 6.3 Al$_{0.5}$Ga$_{0.5}$N/In$_{0.3}$Ga$_{0.7}$N/GaN 量子阱的势阱结构、能级和电子波函数

图 6.4 给出该阱结构的吸收系数。三个峰值分别出现在 553meV，675meV 和 1300meV 附近位置。电子 1-2 跃迁，1-3 跃迁和 2-3 跃迁对应的吸收波长分别为 1.84 μm，0.95 μm 和 2.24 μm。图 6.5 给出 Al$_x$Ga$_{1-x}$N/In$_{0.3}$Ga$_{0.7}$N/GaN 量子阱中电子 1-2 跃迁，1-3 跃迁和 2-3 跃迁的吸收波长随左垒 Al 组分 x 的变化关系。可以看出，三种类型的吸收波长都随 x 增加而减小，这从侧面反映逐渐加深的势阱使三者的跃迁能量越来越大。

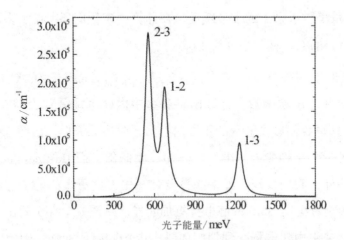

图 6.4 Al$_{0.5}$Ga$_{0.5}$N/In$_{0.3}$Ga$_{0.7}$N/GaN 量子阱中光学吸收系数随入射光子能量的变化关系

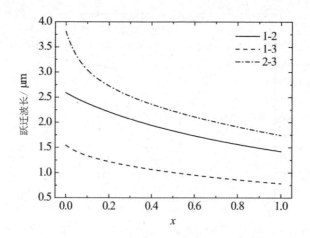

图 6.5　$Al_xGa_{1-x}N/In_{0.3}Ga_{0.7}N/GaN$ 量子阱中吸收波长随左垒组分的变化关系

总结而言，我们在分析二能级系统的吸收谱的基础上，通过改变左垒的材料和调节组分设计三能级系统并分析其光学吸收性质。我们认为该设计可用于设计双色（近）红外探测器或光开关等量子器件。

6.2.3 外电场调制下非对称单量子阱情形

相对于氮化物量子阱而言，由 ZnO 材料构成的量子阱尽管也存在内建电场，但其强度远小于氮化物量子阱。因此，我们在本节中讨论外电场调制下 $ZnO/Mg_xZn_{1-x}O$ 单量子阱中电子的子带跃迁。在计算中，我们还考虑了多电子效应。此处，ZnO 材料的有效玻尔半径为 1.65nm。

图 6.6 给出不同外电场影响下，阱宽为 $3a_B$ 的 $ZnO/Mg_xZn_{1-x}O$ 量子阱的导带结构、能级和电子波函数。计算出阱和垒中内建电场分别为 −0.82MV/cm 和 0.41MV/cm，这里我们假设电场的正方向沿量子阱生长方向。由图 6.6（a）知，量子阱的导带带阶结构受内建电场影响而发生倾斜，而 Hartree-Fock 静电势则使其弯曲。另外，我们发现，如果在自洽计算中考虑更多的电子态，则交换关联作用势的影响将会比 Hartree 静电势更加明显。从图 6.6（b）看出，当施加负的外电场，则垒中内建电场受到抑制而阱中电场则有所加强。因此，所有能级都上移而电子波函数则更靠近左界面且容易隧穿到左势垒中。相反，图 6.6（c）则表明，施加合适的正向外电场可控制电子态至方量子阱情形。

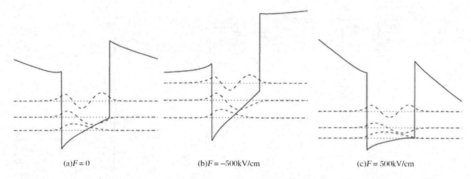

图 6.6 不同外电场下 ZnO/Mg$_{0.3}$Zn$_{0.7}$O 量子阱的势阱结构、能级和电子波函数.

图 6.7 给出 ZnO/Mg$_x$Zn$_{1-x}$O 量子阱中 1–2, 1–3 和 2–3 子带跃迁的偶极跃迁矩阵元 M_{mn} 随外加电场 F 的变化关系。当 F 从 –500kV/cm 变到 500kV/cm, M_{12} 和 M_{23} 始终增加但是 M_{13} 则一直减小。也就是说，1–2 和 2–3 子带跃迁的吸收波长都增加。尽管因内建电场的作用允许发生 1–3 禁戒跃迁，但随着阱中内建电场逐渐被增加的外加电场所抵消，它亦将变得越来越困难。图 6.8 给出各种子带跃迁的吸收波长随 F 的变化关系。可以看出，每种跃迁的吸收波长都随 F 而增加，但是增加的幅度各不相同。比较起来，1–2 跃迁的吸收波长随 F 的增加而快速增加，而 2–3 跃迁的吸收波长几乎对 F 不敏感，这表明较低的激发态更容易受到量子限制斯塔克效应的影响。

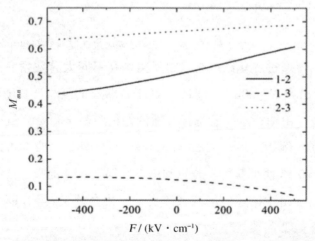

图 6.7 ZnO/Mg$_x$Zn$_{1-x}$O 量子阱中子带跃迁偶极矩阵元随外加电场的变化关系

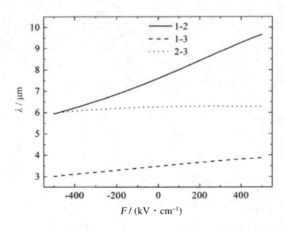

图 6.8　ZnO/Mg$_x$Zn$_{1-x}$O 量子阱中子带跃迁吸收波长随外加电场的变化关系

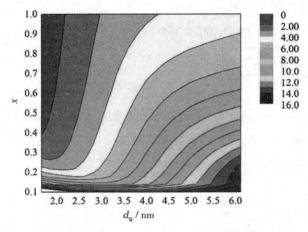

图 6.9　ZnO/Mg$_x$Zn$_{1-x}$O 量子阱中 1-2 子带跃迁吸收波长随阱宽和组分的变化关系

进一步地，可通过优化结构来获得所需的在不同太赫兹频率范围内的光学吸收。图 6.9 给出当 F=500kV/cm 时，1-2 子带跃迁的吸收波长随阱宽 d_w 和 Mg 组分 x 的灰度图。由图所示，若选择合适的结构参数 x 和 d_w，就可达到所需要的吸收波长范围。例如，当 d_w<2nm 且 x>0.7，近红外光吸收即可发生；而中红外光吸收只需 x>0.15 便可获得。若想利用 1-3 辐射跃迁的吸收波长，则须施加负的外电场来增强阱中内建电场或者改变某一边垒的 Mg 组分以增加阱结构的非对称性而轻松实现。

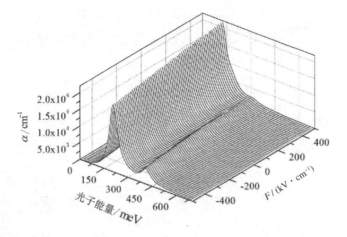

图 6.10 ZnO/Mg$_x$Zn$_{1-x}$O 量子阱中总吸收系数随外电场和入射光子能量的变化关系

图 6.10 给出总吸收系数随 F 和入射光子能量的变化关系。由图可见，1-2 跃迁引起的峰值最大。尽管波函数的对称性受到内建电场破坏，但 1-3 跃迁的偶极矩阵元仍非常小，导致吸收峰微不足道。事实上，光学吸收系数主要依赖于偶极矩阵元的大小和各量子能级相对于费米能级的位置。前者反映不同跃迁的选择定则，而后者决定各个能级上载流子分布的数量。如果增加外加电场 F，则峰值位置统一朝低能方向移动，1-2 跃迁的吸收峰值单调递增而跃迁的峰值则降低。

6.2.4 耦合双量子阱情形

在本节中，我们讨论 GaN/Al$_x$Ga$_{1-x}$N 耦合双量子阱中电子的子带跃迁，包括应变对体系光学吸收性质的影响。中间垒层可理解为翘层结构，主要涉及四能级体系。在计算中，以单轴应变 $\varepsilon_{zz,w}$ 作为变量，且设 $\varepsilon_{zz,w}>0$ 代表压应变，$\varepsilon_{zz,w}<0$ 代表张应变。

图 6.11 给出 Al$_{0.75}$Ga$_{0.25}$N/GaN/Al$_{0.6}$Ga$_{0.4}$N/GaN/Al$_{0.75}$Ga$_{0.25}$N 双量子阱的势阱结构示意图和电子在不同能级上的波函数分布。假设中间垒层的厚度 d_{cb} 为 $0.4a_B$ 而双阱中单轴应变 $\varepsilon_{zz,w}$ 为 1%。由图可知，能级简并因内建电场对导带势阱结构的倾斜而消除。我们给出各层中的内建电场依次为 F_{sb}=1.25MV/cm，F_w=-4.93MV/cm 以及 F_{cb}=-0.19MV/cm。由图还可看出，强内建电场使电子波函数主要分布在左阱区域且易隧穿到左垒中。

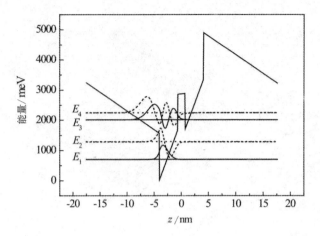

图 6.11　GaN/Al$_x$Ga$_{1-x}$N 双量子阱的势阱结构、能级和电子波函数

图 6.12 给出双量子阱中各层的内建电场随 Al 组分 x，中间垒厚 d_{cb} 和单轴应变 $\varepsilon_{zz,w}$ 的变化关系。可以清楚地看到，当增加 x，F_w 单调增加但 F_{cb} 和 F_{sb} 均减小；若增加 d_{cb}，则 F_{sb} 单调增加而 F_w 和 F_{cb} 均减小；若增加 $\varepsilon_{zz,w}$，则三者均减小。

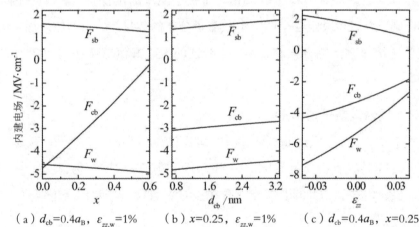

(a) $d_{cb}=0.4a_B$, $\varepsilon_{zz,w}=1\%$　　(b) $x=0.25$, $\varepsilon_{zz,w}=1\%$　　(c) $d_{cb}=0.4a_B$, $x=0.25$

图 6.12　GaN/Al$_x$Ga$_{1-x}$N 双量子阱中内建电场随组分、中间垒厚和单轴应变的变化关系图

在图 6.13（a）和（b）中，我们画出各个能级随中间垒厚 d_{cb} 和 Al 组分 x 的变化关系。若增加 x，则 F_w 增加而 F_{cb} 和 F_{sb} 减小，表示量子限制效应减弱；若增加 d_{cb}，则 F_{sb} 增加而 F_w 和 F_{cb} 减小，表示量子限制效应增强。因此，所有能级随 x 单调增加而随 d_{cb} 单调减小。需要强调的是，即使用同一双阱结构，我们计算所得的内建电场强度也远大于文献[20]的假定值。在图 6.13（c）中，我们还画出能级随单轴应变 $\varepsilon_{zz,w}$ 的变化关系。随着 $\varepsilon_{zz,w}$ 从 -4% 增加到 4%，各层

材料的禁带宽度、电子有效质量、静电介电常数和内建电场几乎都线性增加。换句话说,增加 $\varepsilon_{zz,w}$ 则增强对电子的量子限制作用且两个阱间的耦合变强。还可看到,由于电子波函数朝中间垒乃至右阱的隧穿,导致 E_3 和 E_4 子带间的耦合强于 E_1 和 E_2。

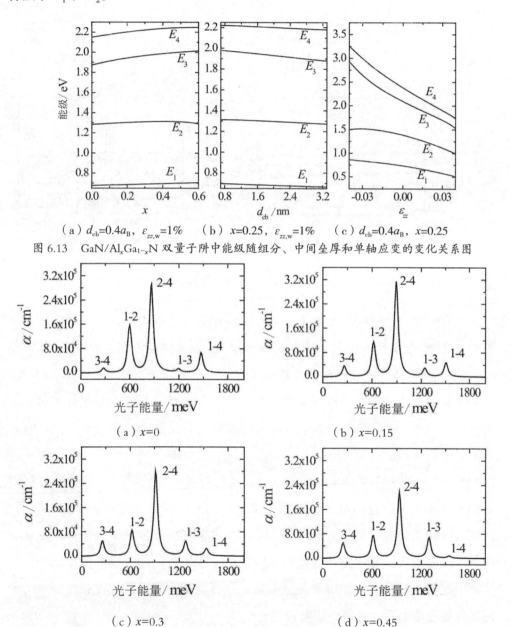

(a) $d_{cb}=0.4a_B$,$\varepsilon_{zz,w}=1\%$　　(b) $x=0.25$,$\varepsilon_{zz,w}=1\%$　　(c) $d_{cb}=0.4a_B$,$x=0.25$

图 6.13　GaN/Al$_x$Ga$_{1-x}$N 双量子阱中能级随组分、中间垒厚和单轴应变的变化关系图

(a) $x=0$　　(b) $x=0.15$

(c) $x=0.3$　　(d) $x=0.45$

图 6.14　不同组分 GaN/Al$_x$Ga$_{1-x}$N 双量子阱中吸收系数随入射光子能量的变化关系(假定 $d_{cb}=0.4a_B$ 和 $\varepsilon_{zz,w}=1\%$)

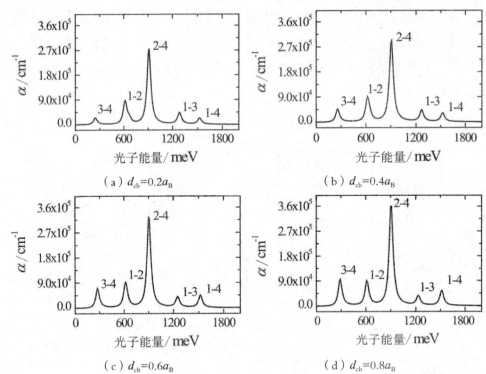

图 6.15　不同中间垒宽 GaN/Al$_x$Ga$_{1-x}$N 双量子阱中吸收系数随入射光子能量的变化关系（假定 $x=0.25$ 和 $\varepsilon_{zz,w}=1\%$）

如前所述，光学吸收系数主要依赖于偶极矩阵元的大小和各量子能级相对于费米能级的位置。我们在图 6.14 和图 6.15 中画出在不同 x 和 d_{cb} 取值时，$\varepsilon_{zz,w}=1\%$ 的情况下，总光学吸收系数随入射光子能量的变化曲线。该图显示，除了 1-2 和 2-3 跃迁的吸收峰发生重叠外，几乎所有跃迁引起的吸收峰都可见。若增加 x，则对应于 1-3 和 2-4 跃迁的吸收峰稍微朝高能区移动而其他的峰几乎不发生移动。这一结论与图 6.13 所示能级变化是吻合的。此外，1-2，1-4 和 2-4 跃迁的峰值大小显减小，而 1-3 和 3-4 跃迁的峰值则变大。若增加 d_{cb}，则导致 1-2 和 1-3 跃迁的峰值减小而 1-4，2-4 和 3-4 跃迁的峰值增大。但是，几乎每一跃迁的吸收峰位置都保持不变。内建电场导致的量子限制斯塔克效应和量子限制效应的相互竞争，使得不同能级上电子波函数交叠积分发生变化，从而引起吸收峰的移动。需要注意的是，尽管调节中间垒的尺寸和组分，由于内建电场还是太强，右阱的影响仍然较小。

图6.16给出在不同$\varepsilon_{zz,w}$取值下总光学吸收系数随入射光子能量变化的曲线。由图发现,若增加$\varepsilon_{zz,w}$,则1-2跃迁的峰值增加而2-4,1-3和1-4跃迁的峰值迅速下降。另外,3-4跃迁的吸收峰变得更加明显而1-2和2-3跃迁的吸收峰则逐渐分离。由图6.12(c)可知,压应变降低内建电场强度,从而加强相邻阱之间的耦合。从而反映出,应变(应力)调制可以恢复电子波函数的奇偶性。

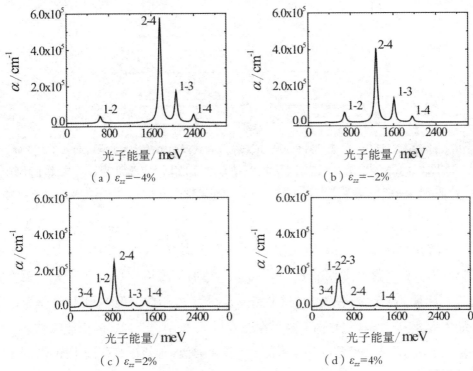

图6.16 不同应变GaN/Al$_x$Ga$_{1-x}$N双量子阱中吸收系数随入射光子能量的变化关系(假定$x=0.25$和$d_{cb}=0.4a_B$)

6.2.5 引入纳米凹槽InGaN层情形

由于强内建电场的作用,可减弱耦合双量子阱对光学吸收性质的调制作用,在本节中,我们讨论在GaN/Al$_x$Ga$_{1-x}$N量子阱中插入一层纳米凹槽材料In$_y$Ga$_{1-y}$N的电子子带跃迁。图6.17给出在典型的GaN/Al$_x$Ga$_{1-x}$N量子阱中插入In$_y$Ga$_{1-y}$N凹槽层的势阱结构中,电子在不同能级的波函数分布。这里,我们定义左阱和纳米凹槽层的最低电势分别为V_A和V_B,参考势能零点设为V_A和V_B当中较小的一个。同前所述,内建电场对导带带阶的倾斜和Hartree-Fock势对导带带阶的弯曲可消除能级简并。与内建电场比较，即使掺杂浓度高达 $10^{20}cm^{-3}$，Hartree-Fock 势对导带的弯曲仍然很小。电子的分布则主要受左阱和凹槽层之间的竞争影响而非两阱之间的竞争。另外，凹槽层的引入有效抑制了电子波函数朝左垒的隧穿。

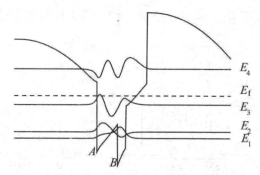

图 6.17　GaN/Al$_x$Ga$_{1-x}$N 量子阱中插入 In$_y$Ga$_{1-y}$N 凹槽层的势阱结构、能级和电子波函数

在图 6.18(a) 和 (b) 中，我们给出凹槽层的 In 组分和厚度对四个能级的影响。若增加 y，则导致电势 V_B 下降，以至于波函数朝阱中间区域移动而降低各个能级。由于波函数更加局域化，E_1 和 E_2 之间的差距减小，并且 E_3 远离 E_4 而靠近 E_2。当 y 大约变至 0.38 时，有 $V_A=V_B$，则出现能量拐点。若继续增加组分 y 并超过该临界值，则能量参考点由 V_A 替换为 V_B，所有能级均开始上升而且 E_3 慢慢接近 E_4。相反，随着 d_{cb} 从 $0.2a_B$ 增加到 a_B，尽管 V_B 下降，但 V_A 可始终作为参考势能零点，因而所有能级都下降。在图 6.18(c) 中，我们还给出能级随 $\varepsilon_{zz,w}$ 的变化关系。与前面已经叙述的参数随 $\varepsilon_{zz,w}$ 变化类似，能级的变化同于图 6.18(a)，原因不再赘述。

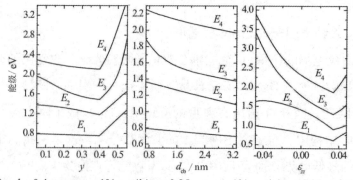

(a) $d_{cb}=0.4a_B$, $\varepsilon_{zz,w}=1\%$　　(b) $x=0.25$, $\varepsilon_{zz,w}=1\%$　　(c) $x=0.25$, $d_{cb}=0.4a_B$

图 6.18　Al$_x$Ga$_{1-x}$N/GaN/In$_y$Ga$_{1-y}$N 台阶量子阱中能级随组分，凹槽厚度和单轴应变的变化关系

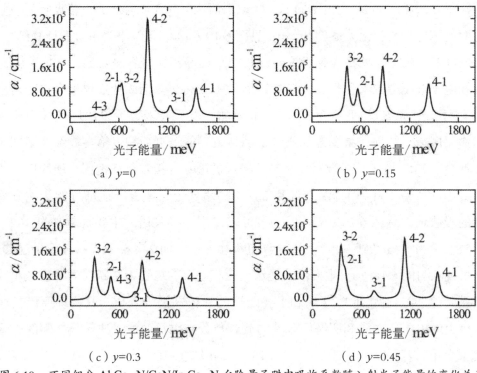

图 6.19　不同组分 $Al_xGa_{1-x}N/GaN/In_yGa_{1-y}N$ 台阶量子阱中吸收系数随入射光子能量的变化关系

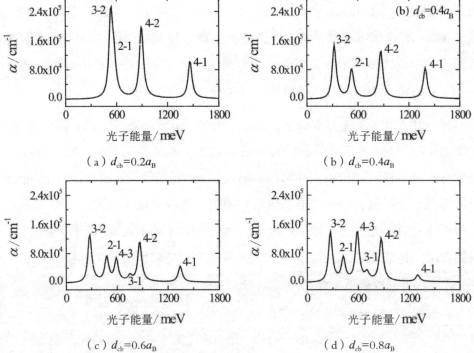

图 6.20　不同槽厚 $Al_xGa_{1-x}N/GaN/In_yGa_{1-y}N$ 台阶量子阱中吸收系数随入射光子能量的变化关系

图 6.19 和图 6.20 给出不同 y，d_{cb} 取值时和 $\varepsilon_{zz,w}=1\%$ 情况下，总吸收系数随入射光子能量的变化关系。当 $y=0$，见图 6.19（a），该结果为单阱的计算结果。1–2 和 2–3 跃迁的吸收峰有所重叠，其他跃迁峰都比较容易观察。此时，阱结构和电子波函数的对称性受到破坏，因此 1–3 和 2–4 禁戒跃迁也被允许。若增加 y，则 F_{sb} 和 F_w 几乎不变而 F_{cb} 逐渐增加。电子波函数更多地局域在左阱和凹槽层区域。结果，激发态的能级特别是第二能级更加靠近第一能级。不同于文献 [19–23]，由于波函数对左阱和凹槽层的隧穿，很难严格把四个能级区分为两对（即所谓 1 奇和 1 偶；2 奇和 2 偶）。事实上，所有跃迁都可能影响到多峰的吸收谱。从图 6.19（b）到（d）可以发现，吸收谱的主要贡献来自 1–2，1–3，2–4 和 3–4 跃迁。1–2 和 1–3 跃迁发生蓝移，而 2–4 和 3–4 跃迁发生红移。这种现象与图 6.18（a）中揭示的能级变化相吻合。尽管 1–2 跃迁的峰值减小，但是其他跃迁比如 2–3，2–4 和 1–4 跃迁的峰值却极少变化，其物理原因是各能级上的电子在左阱和凹槽层区域的波函数分布以及两能级波函数之间的交叠发生变化。若 y 较大，则 1–3 和 3–4 跃迁的吸收峰还会出现在 1–2 和 2–4 跃迁之间。特别是当 $y=0.3$ 时，所有跃迁的吸收峰都明显可见。在图 6.20 中，当增加 d_{cb} 时，则 F_{sb} 增加而 F_w 和 F_{cb} 减小。1–2，2–3，1–4 和 2–4 跃迁变弱，相应地，其吸收峰朝低能区域移动。特别地，当 $d_{cb}=0.6a_B$ 和 $0.8a_B$ 时，1–3 和 3–4 跃迁导致的新的吸收峰将在 1–2 和 2–4 跃迁之间出现。尽管如此，我们认为有必要同时改变 y 和 d_{cb} 才能有效地增加凹槽层对电子的限制作用。

图 6.21 给出不同 $\varepsilon_{zz,w}$ 取值下，总光学吸收系数随入射光子能量的变化关系。若增加张应变，2–3 跃迁吸收峰对应的入射光子能量则大于 1–2 跃迁吸收峰所对应的值，1–3 跃迁的峰也一并出现。而且，2–4 跃迁的峰值有所增加并出现蓝移。原因即是每一层材料中内建电场的增加使第 3 能级和第 4 能级比头两个能级上升得更快。对比起来，若增加压应变，因内建电场减小而增加了凹槽层的量子限制作用。其结果是，2–3、2–4 和 3–4 跃迁变得更强而且发生红移，而 1–3 和 1–4 跃迁几乎可以忽略不计。

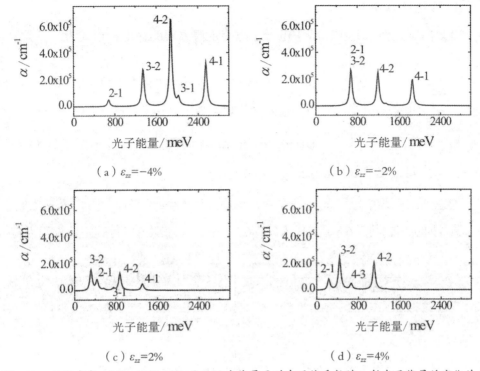

图6.21 不同应变 $Al_xGa_{1-x}N/GaN/In_yGa_{1-y}N$ 台阶量子阱中吸收系数随入射光子能量的变化关系

6.2.6 核壳结构纳米线情形

核壳结构纳米线在光电器件应用领域具有诸多优越特性从而广受关注。核壳异质结构纳米线不同于普通的轴向异质结一维纳米材料,它在沿轴线方向具有较长的界面,而电荷的分离却发生在较短的径向上,大大降低了光致激发的载流子在材料内的复合概率,从而有效提高载流子的输运和光电转换效率。无论是量子尺寸限制效应,还是两种材料的导带带隙的改变导致的能带变化,都可以调控核壳异质结构纳米线结构的能带的相对位置,从而拓宽其制备的新型光电器件的光谱响应范围。

本节考虑核材料的组分、核半径以及温度对导带禁带宽度和电子有效质量等参数的影响,在有效质量近似下,利用有限元差分法对 $Al_xGa_{1-x}N/AlN$ 核壳结构纳米线中电子定态薛定谔方程进行了数值求解。得到电子的本征能级和相应的本征波函数以及带间光吸收系数。

1. 理论计算模型

有效质量近似下，纳米线中电子定态薛定谔方程的柱坐标形式为

$$-\frac{\hbar^2}{2m^*}\left[\frac{1}{r}\frac{\partial}{\partial r}\left(r\frac{\partial}{\partial r}\right)+\frac{1}{r^2}\frac{\partial^2}{\partial \theta^2}+\frac{1}{r^2}\frac{\partial^2}{\partial z^2}\right]\psi(r,\theta,z)+V\psi(r,\theta,z)=E\psi(r,\theta,z) \quad (6.7)$$

式中，m^* 为电子有效质，E 为本征能量，V 为势能，并设波函数 $\psi(r,\theta,z)$ 为

$$\psi(r,\theta,z)=\phi(r)\varphi(\theta)A_z\mathrm{e}^{(ikz)} \quad (6.8)$$

式中，A_z 为归一化常数，k 为波矢。

考虑到纳米线中电子的运动在 θ（角向）方向和 r（径向）方向受到限制，在 z 轴方向自由，将（6.8）式代入式（6.7）中，分离变量可得薛定谔方程为

$$-\frac{\hbar^2}{2m^*}\left[\frac{1}{r}\frac{\partial}{\partial r}\left(r\frac{\partial}{\partial r}\right)+\frac{1}{r^2}\frac{\partial^2}{\partial \theta^2}\right]\psi(r,\theta)+V\psi(r,\theta)=E\psi(r,\theta) \quad (6.9)$$

化解式为

$$-\frac{\hbar^2}{2m^*}\left[\frac{\partial^2}{\partial r^2}+\frac{1}{r}\frac{\partial}{\partial r}+\frac{1}{r^2}\frac{\partial^2}{\partial \theta^2}\right]\psi(r,\theta)+V\psi(r,\theta)=E\psi(r,\theta) \quad (6.10)$$

再令波函数为

$$\psi(r,\theta)=\phi(r)A_\theta\mathrm{e}^{im\theta} \quad (6.11)$$

式中，m 为角量子数，A_θ 为归一化常数。将（6.11）式代入（6.10）式分离变量可得

$$-\frac{\hbar^2}{2m^*}\left[\frac{\partial^2}{\partial r^2}+\frac{1}{r}\frac{\partial}{\partial r}\right]\phi(r)+V\phi(r)=E\phi(r) \quad (6.12)$$

考虑到电子有效质量在核和壳中取不同值，m^* 分别取为核中的电子有效质量 m_1^* 和壳材料中的电子有效质量 m_2^*，V 为势垒高度。对方程作无量纲化处理后，利用有限元差分法进行数值差分，并将其在 r 方向的区间等间距分成 j 等份，在第 $j+1$ 个节点上联立求解有限元差分方程，利用一阶中心差分和二阶中心差分公式，可将第 k 个节点上的波函数一阶微商和二阶微商分别化为

$$\frac{\mathrm{d}\phi_{i,k}(r_i)}{\mathrm{d}r_i^2}=\frac{1}{2h}(\phi_{i,k+1}-\phi_{i,k-1}) \quad (6.13)$$

$$\frac{\mathrm{d}\phi_{i,k}^2(r_i)}{\mathrm{d}r_i^2} = \frac{1}{h^2}(\phi_{i,k+1} - 2\phi_{i,k} + \phi_{i,k-1}) \qquad (6.14)$$

步长为 h，则第 k 个节点的 $r_k = hk$，将（6.13）和（6.14）式代入无量纲后的薛定谔方程，则波函数满足

$$-\frac{m_0}{m_1^*}\left[\left(\frac{1}{h^2} - \frac{1}{2kh^2}\right)\phi_{i,k-1} - \frac{2}{h^2}\phi_{i,k} + \left(\frac{1}{h^2} + \frac{1}{2kh^2}\right)\phi_{i,k+1}\right] = E_i\phi_{i,k} \qquad (6.15)$$

$$-\frac{m_0}{m_2^*}\left[\left(\frac{1}{h^2} - \frac{1}{2kh^2}\right)\phi_{i,k-1} - \frac{2}{h^2}\phi_{i,k} + \left(\frac{1}{h^2} + \frac{1}{2kh^2}\right)\phi_{i,k+1}\right] + V_{i,k}\phi_{i,k} = E_i\phi_{i,k} \qquad (6.16)$$

由于波函数在核壳结构纳米线中心处为极大值，故其导数在此处为 0，可应用牛顿插值法对中心边界条件进行处理，则（6.15）式第 1 到第 j 个节点的代数方程式可表示为

$$-\frac{3}{2h}\phi_{i,0} + \frac{2}{h}\phi_{i,1} - \frac{1}{2h}\phi_{i,2} = 0$$

$$-\frac{m_0}{m_1^*}\left[\frac{1}{2h^2}\phi_{i,0} - \frac{2}{h^2}\phi_{i,1} + \frac{3}{2h^2}\phi_{i,2}\right] = E_i\phi_{i,1}$$

$$-\frac{m_0}{m_1^*}\left[\frac{3}{4h^2}\phi_{i,1} - \frac{2}{h^2}\phi_{i,2} + \frac{5}{4h^2}\phi_{i,3}\right] = E_i\phi_{i,2}$$

$$\cdots\cdots$$

$$-\frac{m_0}{m_1^*}\left[\frac{2j-3}{(2j-2)h^2}\phi_{i,j-1} - \frac{2}{h^2}\phi_{i,j} + \frac{2j-1}{(2j-2)h^2}\phi_{i,j+1}\right] = E_i\phi_{i,j}$$

$$(6.17)$$

将上述 j 个代数方程式写成矩阵形式为

$$\frac{m_0}{m_1^*}\begin{pmatrix} \frac{4}{h^2} & -\frac{4}{h^2} & & & & \\ -\frac{1}{2h^2} & \frac{2}{h^2} & -\frac{3}{2h^2} & & & \\ & -\frac{3}{4h^2} & \frac{2}{h^2} & -\frac{5}{4h^2} & & \\ & \vdots & \vdots & \vdots & & \\ & & & -\frac{2j-3}{(2j-2)h^2} & \frac{2}{h^2} & -\frac{2j-1}{(2j-2)h^2} \\ & & & & -\frac{2j-1}{(2j-2)h^2} & \frac{2}{h^2} \end{pmatrix}\begin{pmatrix} \phi_{i,1} \\ \phi_{i,2} \\ \phi_{i,3} \\ \vdots \\ \phi_{i,j-1} \\ \phi_{i,j} \end{pmatrix}$$

$$= E_i \begin{pmatrix} \phi_{i,1} \\ \phi_{i,2} \\ \phi_{i,3} \\ \vdots \\ \phi_{i,j-1} \\ \phi_{i,j} \end{pmatrix} \qquad (6.18)$$

可用同样的方法将（6.16）写作矩阵形式为

$$\frac{m_0}{m_2^*} \begin{pmatrix} \frac{4}{h^2} & -\frac{4}{h^2} & & & & \\ -\frac{1}{2h^2} & \frac{2}{h^2} & -\frac{3}{2h^2} & & & \\ & -\frac{3}{4h^2} & \frac{2}{h^2} & -\frac{5}{4h^2} & & \\ & \vdots & \vdots & \vdots & & \\ & & & -\frac{2j-3}{(2j-2)h^2} & \frac{2}{h^2} & -\frac{2j-1}{(2j-2)h^2} \\ & & & & -\frac{2j-1}{(2j-2)h^2} & \frac{2}{h^2} \end{pmatrix} \begin{pmatrix} \phi_{i,1} \\ \phi_{i,2} \\ \phi_{i,3} \\ \vdots \\ \phi_{i,j-1} \\ \phi_{i,j} \end{pmatrix}$$

$$+ \begin{pmatrix} V_{i,1} & & & & & \\ & V_{i,2} & & & & \\ & & V_{i,3} & & & \\ & & & \ddots & & \\ & & & & V_{i,j-1} & \\ & & & & & V_{i,j} \end{pmatrix} \begin{pmatrix} \phi_{i,1} \\ \phi_{i,2} \\ \phi_{i,3} \\ \vdots \\ \phi_{i,j-1} \\ \phi_{i,j} \end{pmatrix} = E_i \begin{pmatrix} \phi_{i,1} \\ \phi_{i,2} \\ \phi_{i,3} \\ \vdots \\ \phi_{i,j-1} \\ \phi_{i,j} \end{pmatrix} . \qquad (6.19)$$

将 j 个代数方程式写成矩阵形式（6.18）和（6.19）后通过矩阵变换，即 $\boldsymbol{D}^{-1}\boldsymbol{C}\boldsymbol{D} = \boldsymbol{T}$，可将 $j \times j$ 阶矩阵化为对称三对角矩阵[55]，其中

$$\boldsymbol{D}^{-1} = \begin{pmatrix} 1 & & & & & \\ & 2\sqrt{2} & & & & \\ & & 4 & & & \\ & & & 2\sqrt{6} & & \\ & & & & \ddots & \\ & & & & & 2\sqrt{2}\sqrt{j-1} \end{pmatrix} \qquad (6.20)$$

$$\boldsymbol{D} = \begin{pmatrix} 1 & & & & & \\ & 1/(2\sqrt{2}) & & & & \\ & & 1/4 & & & \\ & & & 1/2\sqrt{6} & & \\ & & & & \ddots & \\ & & & & & 1/(2\sqrt{2}\sqrt{j-1}) \end{pmatrix} \quad (6.21)$$

则（6.18）式变换为

$$\frac{m_0}{m_1^*} \begin{pmatrix} \frac{4}{h^2} & -\frac{\sqrt{2}}{h^2} & & & & & \\ -\frac{\sqrt{2}}{h^2} & \frac{2}{h^2} & -\frac{3\sqrt{2}}{4h^2} & & & & \\ & -\frac{3\sqrt{2}}{4h^2} & \frac{2}{h^2} & & -\frac{5\sqrt{3}}{6h^2} & & \\ & \vdots & \vdots & & \vdots & & \\ & & & -\frac{2j-3}{\sqrt{2(j-3)2(j-1)}h^2} & \frac{2}{h^2} & -\frac{2j-1}{\sqrt{2(j-1)2j}h^2} \\ & & & & -\frac{2j-1}{\sqrt{2(j-1)2j}h^2} & \frac{2}{h^2} \end{pmatrix} \begin{pmatrix} \phi'_{i,1} \\ \phi'_{i,2} \\ \phi'_{i,3} \\ \vdots \\ \phi'_{i,j-1} \\ \phi'_{i,j} \end{pmatrix}$$

$$= E_i \begin{pmatrix} \phi'_{i,1} \\ \phi'_{i,2} \\ \phi'_{i,3} \\ \vdots \\ \phi'_{i,j-1} \\ \phi'_{i,j} \end{pmatrix} \quad (6.22)$$

式（6.19）可变换为

$$\frac{m_0}{m_2^*} \begin{pmatrix} \frac{4}{h^2} & -\frac{\sqrt{2}}{h^2} & & & & & \\ -\frac{\sqrt{2}}{h^2} & \frac{2}{h^2} & -\frac{3\sqrt{2}}{4h^2} & & & & \\ & -\frac{3\sqrt{2}}{4h^2} & \frac{2}{h^2} & & -\frac{5\sqrt{3}}{6h^2} & & \\ & \ddots & \ddots & & \ddots & & \\ & & & -\frac{2j-3}{\sqrt{2(j-3)2(j-1)}h^2} & \frac{2}{h^2} & -\frac{2j-1}{\sqrt{2(j-1)2j}h^2} \\ & & & & -\frac{2j-1}{\sqrt{2(j-1)2j}h^2} & \frac{2}{h^2} \end{pmatrix} \begin{pmatrix} \phi'_{i,1} \\ \phi'_{i,2} \\ \phi'_{i,3} \\ \vdots \\ \phi'_{i,j-1} \\ \phi'_{i,j} \end{pmatrix}$$

$$+\begin{pmatrix} V_{i,1} & & & & & \\ & V_{i,2} & & & & \\ & & V_{i,3} & & & \\ & & & \ddots & & \\ & & & & V_{i,j-1} & \\ & & & & & V_{i,j} \end{pmatrix} \begin{pmatrix} \phi'_{i,1} \\ \phi'_{i,2} \\ \phi'_{i,3} \\ \vdots \\ \phi'_{i,j-1} \\ \phi'_{i,j} \end{pmatrix} = E_i \begin{pmatrix} \phi'_{i,1} \\ \phi'_{i,2} \\ \phi'_{i,3} \\ \vdots \\ \phi'_{i,j-1} \\ \phi'_{i,j} \end{pmatrix} \quad (6.23)$$

利用对称三对角矩阵的最小特征值和特征向量的求解方法，可求得 E_i 和 ϕ'_i。通过上述各式可知

$$\begin{pmatrix} \phi_{i,1} \\ \phi_{i,2} \\ \phi_{i,3} \\ \vdots \\ \phi_{i,j-1} \\ \phi_{i,j} \end{pmatrix} = \begin{pmatrix} 1 & & & & & \\ & 1/(2\sqrt{2}) & & & & \\ & & 1/4 & & & \\ & & & 1/(2\sqrt{6}) & & \\ & & & & \ddots & \\ & & & & & 1/(2\sqrt{2}\sqrt{j-1}) \end{pmatrix} \begin{pmatrix} \phi'_{i,1} \\ \phi'_{i,2} \\ \phi'_{i,3} \\ \vdots \\ \phi'_{i,j-1} \\ \phi'_{i,j} \end{pmatrix} \quad (6.24)$$

通过以上的数学计算为基础编写程序及数值求解薛定谔方程，进而计算电子子带跃迁问题。在本节中，研究 $Al_xGa_{1-x}N/AlN$ 核壳结构纳米线材料，核材料为含有 Al 组分 x 的 $Al_xGa_{1-x}N$ 三元混合晶体。

$Al_xGa_{1-x}N/AlN$ 核壳结构纳米线中反映光吸收特性的光吸收系数计算为

$$\alpha(\omega) = \omega\sqrt{\frac{\mu_0}{\varepsilon_0\varepsilon_R}}\left|M_{ij}\right|^2 \frac{\sigma\hbar/\tau}{(E_i - E_j - \hbar\omega)^2 + (\hbar/\tau)^2} \quad (6.25)$$

式中，μ_0 为真空磁导率，ε_0 为真空介电常数，ε_R 核材料的相对介电常数，σ 为电子密度，τ 为弛豫时间，其中

$$M_{ij} = \left|\langle\phi_i|e\rho|\phi_j\rangle\right|, \ i > j(i=1,2:j=0,1) \quad (6.26)$$

根据实际的生产制造使用纳米线材料及器件时的温度影响，计算电子态与光吸收特性中，可考虑以下的温度依赖关系

$$E_g(\text{GaN}) = E_{g0}(\text{GaN}) - \frac{\alpha(\text{GaN})T^2}{T + \beta(\text{GaN})} \quad (6.27)$$

$$E_g(Al_xGa_{1-x}N) = E_{g0}(Al_xGa_{1-x}N) - \frac{\alpha(Al_xGa_{1-x}N)T^2}{T + \beta(Al_xGa_{1-x}N)} \quad (6.28)$$

式中,

$$\alpha(\mathrm{Al}_x\mathrm{Ga}_{1-x}\mathrm{N}) = x \times \alpha(\mathrm{AlN}) + (1-x) \times \alpha(\mathrm{GaN}) \quad (6.29)$$

$$\beta(\mathrm{Al}_x\mathrm{Ga}_{1-x}\mathrm{N}) = x \times \beta(\mathrm{AlN}) + (1-x) \times \beta(\mathrm{GaN}) \quad (6.30)$$

式中,E_{g0} 为材料室温下的禁带宽度,三元混合晶体 $\mathrm{Al}_x\mathrm{Ga}_{1-x}\mathrm{N}$ 材料的室温下禁带宽度由公式 $E_g(\mathrm{Al}_x\mathrm{Ga}_{1-x}\mathrm{N}) = xE_g(\mathrm{AlN}) + (1-x)E_g(\mathrm{GaN}) - bx(1-x)$ 求得,其中 α 和 β 为温度系数。

2. 计算结果与讨论

本节计算了核半径为 7nm 时组分 x 分别取值为 0.1,0.3 和 0.5 的 $\mathrm{Al}_{0.1}\mathrm{Ga}_{0.9}\mathrm{N/AlN}$、$\mathrm{Al}_{0.3}\mathrm{Ga}_{0.7}\mathrm{N/AlN}$ 和 $\mathrm{Al}_{0.5}\mathrm{Ga}_{0.5}\mathrm{N/AlN}$ 核壳结构纳米线的本征能量和相应的本征波函数及其光吸收系数(图 6.22),核半径为 8nm 时组分分别取值为 0.1,0.3 和 0.5 的 $\mathrm{Al}_{0.1}\mathrm{Ga}_{0.9}\mathrm{N/AlN}$、$\mathrm{Al}_{0.3}\mathrm{Ga}_{0.7}\mathrm{N/AlN}$ 和 $\mathrm{Al}_{0.5}\mathrm{Ga}_{0.5}\mathrm{N/AlN}$ 核壳结构纳米线的本征能量和相应的本征波函数及其光吸收系数(图 6.23)核半径为 9nm 时组分分别取值为 0.1,0.3 和 0.5 的 $\mathrm{Al}_{0.1}\mathrm{Ga}_{0.9}\mathrm{N/AlN}$、$\mathrm{Al}_{0.3}\mathrm{Ga}_{0.7}\mathrm{N/AlN}$ 和 $\mathrm{Al}_{0.5}\mathrm{Ga}_{0.5}\mathrm{N/AlN}$ 核壳结构纳米线的本征能量和相应的本征波函数及其光吸收系数(图 6.24)。

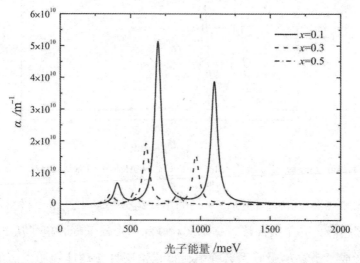

图 6.22 核半径为 7nm 的 $\mathrm{Al}_{0.1}\mathrm{Ga}_{0.9}\mathrm{N/AlN}$、$\mathrm{Al}_{0.3}\mathrm{Ga}_{0.7}\mathrm{N/AlN}$ 和 $\mathrm{Al}_{0.5}\mathrm{Ga}_{0.5}\mathrm{N/AlN}$ 核壳结构纳米线的光吸收系数

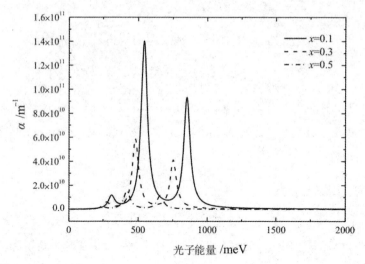

图 6.23 核半径为 8nm 的 $Al_{0.1}Ga_{0.9}N/AlN$，$Al_{0.3}Ga_{0.7}N/AlN$ 和 $Al_{0.5}Ga_{0.5}N/AlN$ 核壳结构纳米线的光吸收系数

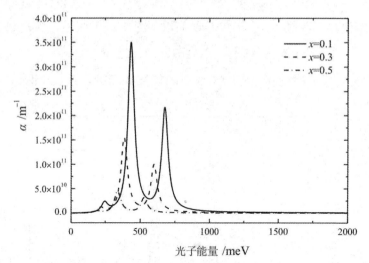

图 6.24 核半径为 9nm 的 $Al_{0.1}Ga_{0.9}N/AlN$，$Al_{0.3}Ga_{0.7}N/AlN$ 和 $Al_{0.5}Ga_{0.5}N/AlN$ 核壳结构纳米线的光吸收系数

由图 6.22~6.24 可知，不同核半径的不同组分情形下，每个材料都会形成三个不同的吸收峰，一个最高峰、一个次高峰和一个最低峰，电子从 E_2 能级向 E_1 能级跃迁形成了最高的吸收系数峰值，这是由于处于高能级激发态的电子能量高且比较活跃，势阱对处于高能级的电子限制作用较强，发生跃迁的概率相应增加，第一激发态与第二激发态都是能量较高的能级，这就形成了最高的吸收

峰峰值，从波函数角度来说这是由于第一激发态与第二激发态的波函数叠加较显著导致的。电子从第二激发态 E_2 能级向基态 E_0 能级跃迁形成了次高的吸收系数峰值，因为处于第二激发态的电子的能量比处于第一激发态的电子的能量高，处于基态能级的电子能量较低，势阱对处于低能级的电子限制作用较弱，这就形成了次高的吸收峰峰值，从波函数角度来说这是由于第二激发态与基态的波函数叠加强弱位居其次导致的。电子从第一激发态 E_1 能级向基态 E_0 能级跃迁形成了最低的吸收系数峰值，因为处于第一激发态的电子能量比处于第二激发态的电子能量低，处于基态能级的电子能量也较低，限制作用较弱这就形成了最低的吸收系数峰值，从波函数角度来看这是由于第一激发态与基态的波函数叠加较弱导致的。

从图 6.22~6.24 看出，随着组分 x 的增加，则吸收系数的峰值随之减小，这是因为势阱随着组分的增加而变浅，从而对电子的限制作用减弱。从图中可以看出不同组分的吸收系数最高峰、次高峰和最低峰值的差值随着组分的增加而减小，这是由于势阱对处于高能级的电子限制作用比处于低能级的电子的限制作用要强。随着组分的增加，势阱对处于高能级的电子限制作用较强，所以最高吸收峰差值比较大，势阱对处于低能级的电子限制作用较弱，所以最低吸收峰差值比较小。随着组分的增加，光吸收系数峰发生红移，这是因为势阱随着组分的增加而降低，势阱内的能级下降能级差随之减小，光子能量减小而发生红移。

由光吸收系数图还能看出，电子由第二激发态跃迁到基态形成的次高峰值的吸收峰光子能量最大，电子由第二激发态跃迁到第一激发态形成的最高峰值的吸收峰光子能量次之，电子由第一激发态跃迁到基态形成的最低峰值的吸收峰光子能量最小，随着组分的增加，次高峰红移幅度大于最高峰红移幅度大于最低峰红移幅度，各个吸收峰红移幅度随组分的增大而减小，这还是由于势阱对不同能级的电子的限制作用的强弱不同造成的，势阱对处于最高能级的电子的限制作用最强，对处于最低能级的电子的限制作用最弱，这就是不同峰值的吸收峰红移幅度不同的原因。

此外，本节计算了温度分别为 200K，300K，500K 和 800K 时核半径为 6nm 时组分 x 分别取值为 0.1 和 0.3 的核壳结构纳米线 $Al_{0.1}Ga_{0.9}N/AlN$ 和 $Al_{0.3}Ga_{0.7}N/AlN$ 的光吸收系数，核半径为 7nm 时组分 x 分别取值为 0.1 和 0.3 的核壳结构纳米线 $Al_{0.1}Ga_{0.9}N/AlN$ 和 $Al_{0.3}Ga_{0.7}N/AlN$ 的光吸收系数。计算中所需的温度系数如表 6.1 所示。

表 6.1 数值计算中用到的温度参数

	$\alpha/(10^{-4}eV\cdot K^{-1})$	β/K
GaN	12.8	1190
AlN	7.2	500

由图 6.25~6.28 给出 $Al_xGa_{1-x}N/AlN$ 核壳结构纳米线在不同温度下的波函数图，从图中能够观察出核壳结构纳米线电子态受温度因素影响的情况。由图 6.25~6.28 可知，无论电子是在低能量的基态能级还是能量较高的激发态能级它们都有可能隧穿到势垒里，但是随着温度的提高，处于基态能级和处于第一激发态能级的电子隧穿势垒的情况没有发生明显变化。处于第二激发态能级的电子随着温度的提高对势垒的隧穿加强。由处在基态能级 E_0 的电子所对应的波函数 φ_0 可知，处在基态能级的电子对势垒的隧穿随着组温度的提高变化不太明显，由处在第一激发态能级 E_1 的电子所对应的波函数 φ_1 可知，处于第一激发态的电子对势垒的隧穿随着温度的提高也没有明显变化，由处于第二激发态能级 E_2 的电子所对应的波函数 φ_2 可知，处于第二激发态的电子对势垒的隧穿随着温度的提高有了明显变化，随着温度的提高电子对势垒的隧穿概率随之有了明显的增加。这是由于处于低能级基态的电子能量低不活跃，处于高能级激发态的电子能量高且比较活跃，随着温度的提高，$Al_xGa_{1-x}N/AN$ 核壳结构纳米线结构的势阱变深，由于势阱变深对电子限制作用加强，本来深的势阱对处于高能级的电子的限制作用强，对处于低能级的电子的限制作用弱，电子对势垒的隧穿会减弱，但同时受到温度影响，电子能量越高越容易受温度影响，温度越高电子状态越活跃，这样电子对势垒的隧穿会加强。受到这两个因素影响，处于基态

能级和第一激发态能级的电子对势垒的隧穿没有发生变化，而处于第二激发态能级的电子受温度影响较大，电子对势垒的隧穿发生明显变化，而核半径越小变化越明显。

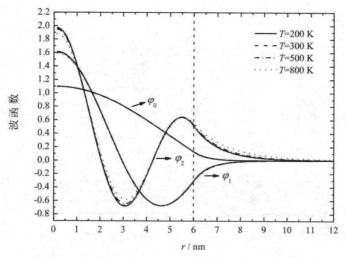

图 6.25　不同温度下的核半径为 6nm 的 $Al_{0.1}Ga_{0.9}N/AlN$ 核壳结构纳米线的波函数

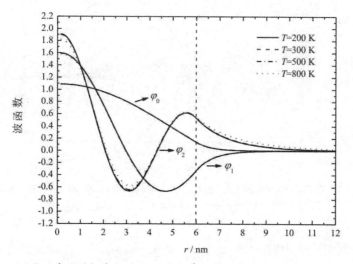

图 6.26　不同温度下的核半径为 6nm 的核壳结构纳米线 $Al_{0.3}Ga_{0.7}N/AlN$ 的波函数

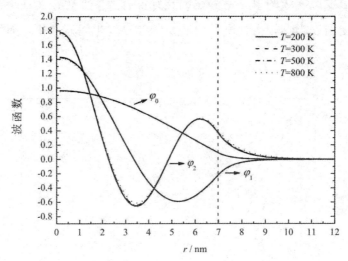

图 6.27　不同温度下的核半径为 7nm 的核壳结构纳米线 $Al_{0.1}Ga_{0.9}N/AlN$ 的波函数

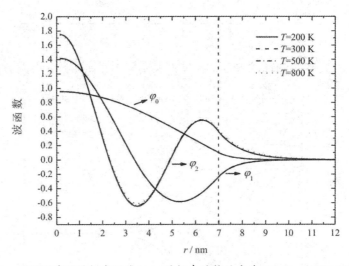

图 6.28　不同温度下的核半径为 7nm 的核壳结构纳米线 $Al_{0.3}Ga_{0.7}N/AlN$ 的波函数

温度分别为 200K，300K，500K 和 800K 时核半径为 6nm 时组分分别取值为 0.1 和 0.3 的核壳结构纳米线 $Al_{0.1}Ga_{0.9}N/AlN$ 和 $Al_{0.3}Ga_{0.7}N/AlN$ 的光吸收系数，核半径为 7nm 时组分分别取值为 0.1 和 0.3 的核壳结构纳米线 $Al_{0.1}Ga_{0.9}N/AlN$ 和 $Al_{0.3}Ga_{0.7}N/AlN$ 的光吸收系数由图 6.29～6.32 给出。

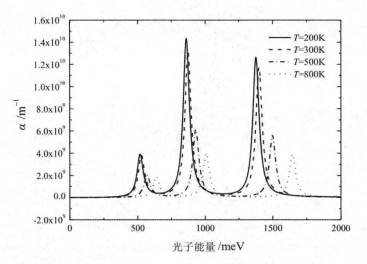

图 6.29　不同温度下的核半径为 6nm 的 $Al_{0.1}Ga_{0.9}N/AlN$ 核壳结构纳米线的光吸收系数

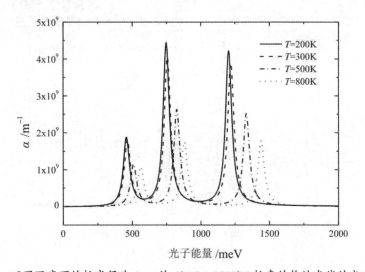

图 6.30　不同温度下的核半径为 6nm 的 $Al_{0.3}Ga_{0.7}N/AlN$ 核壳结构纳米线的光吸收系数

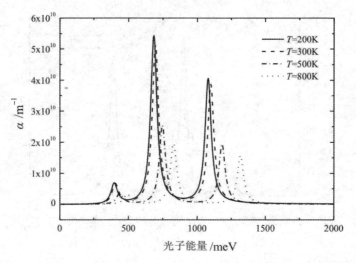

图 6.31 不同温度下的核半径为 7nm 的 $Al_{0.1}Ga_{0.9}N/AlN$ 核壳结构纳米线的光吸收系数

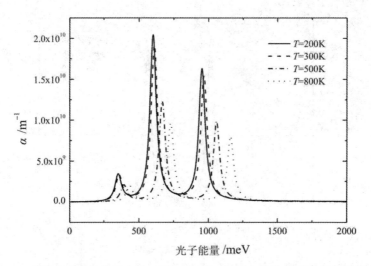

图 6.32 不同温度下的核半径为 7nm 的 $Al_{0.3}Ga_{0.7}N/AlN$ 核壳结构纳米线的光吸收系数

由图 6.29~6.32 可知，在不同温度下的不同的纳米线材料电子跃迁都可以形成一个最高峰，一个次高峰和一个最低峰。在温度为 200K，300K 和 500K 时，电子从 E_2 能级向 E_1 能级跃迁形成了最高的吸收系数峰值，这是由于处于高能级激发态的电子能量高且比较活跃，势阱对处于高能级的电子限制作用较强，发生跃迁的概率就比较大，第一激发态与第二激发态都是能量较高的能级，这就形成了最高的吸收峰峰值。电子从第二激发态 E_2 能级向基态 E_0 能级跃迁形成了次高的吸收系数峰值，因为处于第二激发态的电子的能量比处于第一激发态的电子的能量高，处于基态能级的电子能量较低，势阱对处于低能级的电子限制作用较弱，形成次高的吸收峰峰值。电子从第一激发态 E_1 能级向基态 E_0 能级跃迁形成了最低的吸收系数峰值，因为处于第一激发态的电子能量比处于第二激发态的电子能量低，处于基态能级的电子能量也较低，限制作用较弱，这就形成了最低的吸收系数峰值。

但从图 6.29 和图 6.30 可以看出，在温度为 800K 时，电子跃迁形成的最高吸收系数峰值是电子从第二激发态 E_2 能级向基态 E_0 能级跃迁形成的，而电子跃迁形成的次高吸收系数峰值是电子从第二激发态 E_2 能级向第一激发态 E_1 能级跃迁形成的，这是因为处于高能级激发态的电子能量高比较活跃，势阱对处于高能级的电子限制作用较强，但较高的温度使电子更容易隧穿进入势垒。同样地，较高的温度可以使电子具有更大的能量，更容易从能量较高的能级跃迁到与高能级能级差较大的拥有较低能量的低能级上，第二激发态能级的电子比第一激发态能级的电子更容易跃迁。

从各个光吸收系数图可以看出，随着温度的升高，则吸收系数的峰值随之下降，但是在温度 200K 和 300K 时，峰值下降幅度不大，温度在 500K 和 800K 时，峰值下降幅度较大，这是因为，在较低温度时电子活跃程度没有高温时剧烈，势阱对电子的限制作用较强，电子对势垒的隧穿较弱，所以低温时吸收峰峰值下降幅度不大。但是在较高温度时，电子所具有的能量较高比较活跃，容易隧穿到势垒里，所以温度较高时吸收峰峰值下降幅度较大。随着温度的升高，光吸收系数峰发生蓝移，这是因为随着温度的提高，势阱中各个能级均有提高，随着势阱内的能级提高能级差随之增加，光子能量变大发生蓝移。由光吸收系数图还能看出，当温度由 200K 升高到 300K 时，光吸收峰蓝移幅度较小，当温度逐渐升高到 500K 及 800K 时，光吸收峰蓝移幅度逐渐增大，这是因为随着温度的逐渐升高，势阱内的电子能量较高的能级提高的幅度随温度的升高逐渐增大。

3. 小结

在有效质量近似下，对 $Al_xGa_{1-x}N/AlN$ 核壳结构纳米线运用有限元差分法，计算了其在核壳结构纳米线核半径不变，组分相同的情况下，改变温度，当温度分别取 200K，300K，500K 和 800K 时的电子态与光吸收情况，归纳总结得出以下结论：

①随着温度的提高，势阱中各个能级均有提高，第二激发态能级提升最明显，基态能级有提升但提升较小。随着温度的提高，处于基态能级和处于第一激发态能级的电子隧穿势垒的情况没有发生明显变化。处于第二激发态能级的电子随着温度的提高对势垒的隧穿加强。

②随着温度的升高，吸收系数的峰值随之下降，但是在温度 200K 和 300K 时，峰值下降幅度不大，温度在 500K 和 800K 时，峰值下降幅度较大，随着温度的升高，光吸收系数峰发生蓝移，当温度由 200K 升高到 300K 时，光吸收峰蓝移幅度较小，当温度逐渐升高到 500K 及 800K 时，光吸收峰蓝移幅度逐渐增大。

6.3 GaN 量子阱中电子的声子辅助子带间跃迁

在前两节中，我们较为详细地探讨了不同种类量子阱中电子子带跃迁的光学吸收性质，但是忽略了电－声子相互作用的影响。本节则考虑应变纤锌矿量子阱中各类光学声子对电子的散射作用，讨论电子子带间跃迁的动力学性质。

6.3.1 理论计算模型

在量子阱中，电子波函数可表示为

$$\left|n,\vec{k}_{//}\right\rangle = \psi(z,\vec{k}_{//}) = \frac{1}{\sqrt{A}} e^{i\vec{k}_{//}*\vec{\rho}} \varphi_n(z) \tag{6.31}$$

方程（6.31）包含波矢为 $\vec{k}_{//}$、界面面积为 A 的平面自由波函数和 z 方向局域波函数。在有效质量近似下，电子在 z 方向的波函数满足薛定谔方程，具体形式参见第三章。

在该系统中，电－声子相互作用哈密顿量表示为

$$H_{\text{e-ph}} = \sum_{\beta}\sum_{\vec{k}}[e\varphi_{\beta}(\vec{q},z)e^{i\vec{q}\cdot\vec{\rho}}a_{\vec{k}\beta} + h.c.] \tag{6.32}$$

式中，$\varphi_\beta(\vec{q},z)$ 表示声子静电势，其具体形式参看第五章。

根据费米黄金法则，电子从初态 $|n,\vec{k}_{//}\rangle$ 经声子散射跃迁到末态 $|n',\vec{k}'_{//}\rangle$ 的跃迁率由以下表达式给出

$$W_{n,n'}(\vec{k}_{//},\vec{k}'_{//}) = \frac{2\pi}{\hbar}\left|\langle n'\vec{k}'_{//}, N_q \pm 1|H_{e-ph}|n\vec{k}_{//}, N_q\rangle\right|^2 \delta[E_{n'} + E'_{//} - E_n - E_{//} \pm \hbar\omega_\beta(\vec{q})] \quad (6.33)$$

式中，引入 δ 函数以确保跃迁过程能量守恒，其中符号"$\pm$"分别代表声子的发射和吸收过程。E_n 和 $E_{n'}$ 代表电子第 n 和 n' 子能带的带边能量，$\vec{k}_{//}$ 和 $\vec{k}'_{//}$ 表示电子初态和末态平面波矢。在热平衡条件下，声子占据数表示为

$$N_q = \frac{1}{e^{\hbar\omega_\beta/k_B T} - 1} \quad (6.34)$$

可以证明，$(E_{n'} - E_n) + (E'_{//} - E_{//}) \leq \hbar\omega_\beta$ 在整个声子吸收过程当中均成立。对于我们所研究的纤锌矿 $GaN/In_xGa_{1-x}N$ 量子阱来说，由于 $E_{n'}$ 和 E_n 之间的较大能量差别以及受较高浓度 2DEG（一般都在 $10^{19}cm^{-2}$ 数量级）的影响，实际上 $(E_{n'} - E_n) + (E'_{//} - E_{//})$ 远远超过声子能量。因此，在以后的计算当中，我们仅仅讨论声子发射过程。

将方程（6.31）和（6.32）代入方程（6.33），并对所有末态积分，可得到与文献 [48] 相同的表达式

$$W_{n,n'}(\vec{k}_{//}) = \sum_{\vec{k}_\perp} W_{n,n'}(\vec{k}_{//},\vec{k}'_{//})$$

$$= \frac{1}{4\pi^2}\frac{2\pi}{\hbar}\int_0^{2\pi}d\theta \frac{m_{//}(z)}{\hbar^2}|F(q_+)|^2 (N_{q_+} + 1)\vartheta[E_{//} + E_n - E_{n'} - \hbar\omega_\beta(q_+)] \quad (6.35)$$

式中，θ 表示初态和末态平面波矢之间的夹角。ϑ 是 Heaviside 阶跃函数，$F(q_+)$ 定义为

$$F(q_+) = \int_{-\infty}^{+\infty} \varphi_{n'}^*(z) e\varphi(q_+,z)\varphi_n(z)dz \quad (6.36)$$

根据能量和平面动量守恒，q_+ 由以下两式获得

$$q_+ = \sqrt{k_{//}^2 + k_{//}'^2 - 2k_{//}k'_{//}\cos\theta} \quad (6.37)$$

$$E_{n'} - E_n + \frac{\hbar^2 k_{//}'^2}{2m_{//}(z)} - \frac{\hbar^2 k_{//}^2}{2m_{//}(z)} + \hbar\omega_\beta(q_+) = 0 \quad (6.38)$$

6.3.2 计算结果与讨论

在计算中，我们假设垒厚为 $4a_B$，掺杂浓度为 $1\times10^{19}\mathrm{cm}^{-3}$，温度为 $T=77\mathrm{K}$。当然，在如此高掺杂浓度下，电-声子散射不仅仅发生在 1-2 子带跃迁，也有可能发生在 1-3 或者 2-3 跃迁乃至更高能级间的跃迁。对于 $\mathrm{GaN/In}_x\mathrm{Ga}_{1-x}\mathrm{N}$ 量子阱而言，由于内建电场较强，只有在极窄的量子阱中才可能出现较高的激发态。这里，我们仅讨论 1-2 子带跃迁，而忽略其他跃迁。

图 6.33 和图 6.34 给出跃迁能随阱宽 d_w 和 In 组分 x 的变化关系。如果不考虑内建电场，情况与方量子阱情况类似。在较窄和较深的量子阱中，不会有量子束缚的激发态存在。跃迁能的变化仅受量子限制效应影响，它随阱宽增加而减弱，随组分增加而增强。不同于方量子阱，由于电子被阱中和垒中的内建电场共同推向左界面，导致量子阱对电子的限制作用受到内建电场的抑制。并且，各层中的内建电场被组分和阱宽所调制。不管阱宽和垒组分如何变化，内场和阱的量子限制作用之间的竞争促使跃迁概率增加。

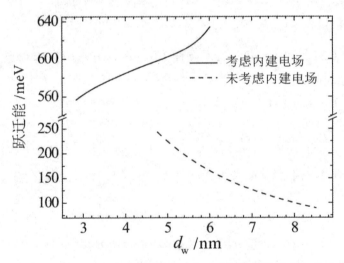

图 6.33　$\mathrm{GaN/In}_{0.4}\mathrm{Ga}_{0.6}\mathrm{N}$ 量子阱中跃迁能随阱宽的变化关系

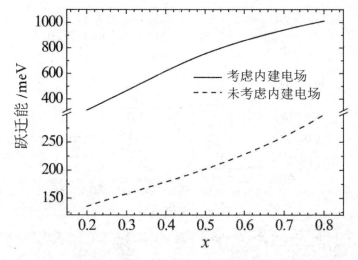

图 6.34 GaN/In$_x$Ga$_{1-x}$N 量子阱中跃迁能随 In 组分的变化关系

图 6.35 给出 5nm GaN/In$_{0.4}$Ga$_{0.6}$N 量子阱中，类 LO 的 IF 光学声子、CO 声子和 HS 声子散射引起的跃迁率随电子平面能量之间的变化关系。在该结构中，计算所得跃迁能为 602meV，显然，它远远大于阱材料或者垒材料的声子能量。根据公式（6.35），跃迁率主要由声子势和电子初末态波函数之间的交叠积分所决定。如果不考虑内建电场，电子波函数始终分布在阱区，较少隧穿到垒中。波函数的奇偶性决定了只有反对称声子模式对跃迁率有贡献。与 IF 和 CO 声子相比，甚至可以忽略 HS 声子辅助的跃迁率，且 CO 声子引起的跃迁率也大于 IF 声子的贡献。若考虑内建电场，它将破坏波函数的对称性并改变其分布，因此所有种类的声子模式，无论对称的还是反对称的，都对电子跃迁率起作用。计算结果表明，内建电场使 CO 声子辅助的跃迁率变得相对较小，而 HS 声子和 IF 声子变得更为重要。在图 6.36 中，我们进一步比较有无电场情况下的总跃迁率。由图可知，若不考虑内建电场，总跃迁率随电子平面动能的增加呈单调递减趋势。内建电场较大降低跃迁率，而每支声子模式的色散性质对总跃迁率的影响却并不明显。

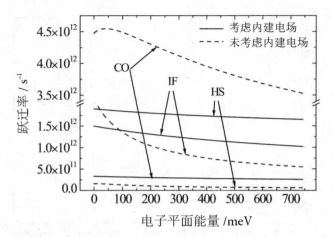

图 6.35　GaN/In$_{0.4}$Ga$_{0.6}$N 量子阱中各支声子辅助跃迁率随电子平面能量的变化关系

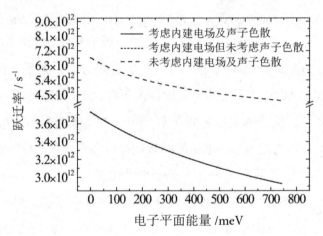

图 6.36　GaN/In$_{0.4}$Ga$_{0.6}$N 量子阱中总声子辅助跃迁率随电子平面能量的变化关系

6.4 小结

综上所述，我们在本章中依次研究了 Al$_x$Ga$_{1-x}$N/In$_y$Ga$_{1-y}$N/In$_z$Ga$_{1-z}$N 单量子阱中电子的子带跃迁；电场调制下 ZnO/Mg$_x$Zn$_{1-x}$O 单量子阱中电子的子带跃迁；GaN/Al$_x$Ga$_{1-x}$N 耦合双量子阱中电子的子带跃迁和 Al$_x$Ga$_{1-x}$N/GaN/In$_y$Ga$_{1-y}$N 台阶量子阱以及 Al$_x$Ga$_{1-x}$N/AlN 核壳结构纳米线中电子的子带跃迁。先由二能级系统逐渐深入到三能级系统，最后讨论四能级系统。

通过调节量子阱结构的非对称性和优化结构尺寸，可解决主要因内建电场而导致的波函数（特别是激发态波函数）溢出阱结构有效区域的问题，以期获得器件实际应用所需的光学吸收频谱和波长。此外，我们还初步探讨了外应力和内应变共同作用下各能级和吸收谱的变化。此外也考虑核材料的组分、核半径以及温度对导带禁带宽度和电子有效质量等参数的影响，利用有限元差分法对 $Al_xGa_{1-x}N/AlN$ 核壳结构纳米线中电子定态薛定谔方程进行了数值求解，得到电子的本征能级和相应的本征波函数以及带间光吸收系数。计算结果表明：在室温下，当核半径不变时，随着组分 x 的增加，核与壳之间的导带带阶变小，势阱内电子的各个能级均下降，而且电子对势垒的隧穿随之增强，光吸收系数的峰值随之减小，光吸收系数峰发生红移。在组分不变的条件下，随着核半径的增加，势阱内电子的各个能级均下降，电子对势垒的隧穿随之增强，光吸收系数峰值随之增大，光吸收系数峰发生红移，各个吸收峰红移幅度随核半径的增大而减小。在核壳结构纳米线核半径不变，组分相同的情况下，改变温度，随着温度的升高，势阱中各个能级均有提高，电子能量较高的能级提高最明显，电子能量较低的能级有提高但增幅较小。随着温度的升高，处于较低能量能级的电子对势垒的隧穿情况没有发生明显变化，处于能量较高的能级的电子随着温度的提高对势垒的隧穿加强。且随着温度的升高，吸收系数的峰值随之下降，但是在低温时，峰值下降幅度不大，在高温时，峰值下降幅度较大，光吸收系数峰随着温度的升高而发生蓝移，低温时的光吸收峰蓝移幅度较小，高温时光吸收峰蓝移幅度逐渐增大，温度继续升高时，调制效果将变差，温度调制失去意义。

我们在本章中初步考虑了三元混晶效应，计算了纤锌矿 $GaN/In_xGa_{1-x}N$ 量子阱中电子从基态到第一激发态的声子辅助跃迁率，详细讨论了内建电场引起的量子限制斯塔克效应和各种光学声子模的弹性散射对电子子带间跃迁的影响。计算结果表明：内建电场使电子波函数大部分分布在界面附近且有不少向相邻垒中隧穿，从而导致 HS 声子和 IF 声子（而非 CO 声子）在 1-2 辐射跃迁过程中起重要作用。内建电场还大幅降低跃迁率，当然，对于在实际器件应用中更为广泛的多量子阱结构，比如台阶量子阱，植入凹槽层可增强电子在量子阱中的受限作用。因而，较易实现多能级系统，因此可以进一步讨论更多能级之间的跃迁，乃至束缚态与连续态之间的跃迁性质。可以预见，台阶量子阱中的跃迁率比我们所讨论的单量子阱要小得多。然而，迄今为止，含三元混晶材料的纤锌矿多层异质结构中的声子结构以及电声子相互作用仍需澄清，有关该结构中光学声子辅助跃迁的问题仍待深入。

①对空穴态和激子跃迁的研究仍沿用较为简单的单能带模型及有效质量近似方法。若须考虑自旋和应变导致的价带简并之影响，利用 kp 微扰理论，首先计算导带和价带色散关系，获得应变纤锌矿量子阱子带的带边态。讨论 Γ 点（即 $k=0$）以及其他波矢空间特殊位置的激子跃迁的尺寸、结构、组分及应变效应和施加外应力（弹性力学）的影响；由极性面 c 面延伸至半极性面或非极性面如 a 面、m 面及 r 面，讨论沿不同晶面生长的材料中电子态、激子态和光学极化性质的各向异性；进行发光（光伏）器件的计算模拟，研究其发光（转换）效率的改进。

②在理论计算中假设材料生长过程中产生的应变为各向同性的和均匀分布的应变，并未深入探讨应力及应变在层状材料中的分布以及薄膜材料的弯曲效应。实则须基于布洛赫方程，借助微分几何和张量分析等数学手段把笛卡尔直角坐标系中的相关计算转换到 Serret-Frenet 局部坐标标架或曲面坐标中进行处理，较为详细地考虑应变分布和薄膜弯曲对相关电子态、激子态及子带间跃迁性质的改变。

③仍需进一步讨论实际器件中广泛应用的多量子阱结构中更多能级之间的声子辅助跃迁，乃至束缚态与连续态之间的跃迁性质。目前，仅涉及到不含时的载流子定态运动方程，欠缺对电子乃至激子动力学性质的细致讨论。在进一步的工作中，须利用 Chebyshev-Fourier 多项式展开的方法求解电子（或激子）含时薛定谔方程，获得其基态波包随时间的演化性质和颤振行为；考虑电子在激发态的布居以及空穴带的影响，利用非平衡格林函数方法求解电子跃迁的量子动力学过程和声子散射过程；探讨提高新型高速微电子器件的性能指标如使用寿命和响应时间等的途径和方法。

④含三元混晶材料的纤锌矿多层异质结构中的声子结构以及电–声子相互作用仍需澄清。

参考文献

[1]WU J Q.When group-III nitrides go infrared: New properties and perspectives[J].Journal of Applied Physics, 2009, 106（1）: 011101.

[1]OZTURK E, SOKMEN I.Intersubband transitions in an asymmetric double quantum well[J].Superlattices and Microstructures, 2007, 41（1）: 36-43.

[2]KASAPOGLU E, SOKMEN I.The effects of intense laser field and electric field on intersubband absorption in a double-graded quantum well[J].Physica B: Condensed Matter, 2008, 403（19）: 3746-3750.

[3]OZTURK E, SOKMEN I.Effect of magnetic fields on the linear and nonlinear intersubband optical absorption coefficients and refractive index changes in square and graded quantum wells, Superlattices and Microstructures[J].2010, 48（3）: 312-320.

[4]OZTURK E, SOKMEN I.Intersubband transitions and refractive index changes in coupled double quantum well with different well shapes[J].Superlattices and Microstructures, 2011, 50（4）: 350-358.

[5]YESILGUL U, UNGAN F, et al.The linear and nonlinear intersubband optical absorption coefficients and refractive index changes in a V-shaped quantum well under the applied electric and magnetic fields[J].Superlattices and Microstructures, 2011, 50（4）: 400-410.

[6]M A KHAN, R A SKOGMAN, et al.Photoluminescence characteristics of AlGaN/GaN/AlGaN quantum wells[J].Applied Physics Letters, 1990, 56（13）: 1257-1259.

[7]MINSKY M S, FLEISCHER S B, et al.Characterization of high-quality InGaN/GaN multiquantum wells with time-resolved photoluminescence[J].Applied Physics Letters, 1998, 72（9）: 1066-1068.

[8]LEROUX M, GRANDJEAN N, et al.Barrier-width dependence of group-III nitrides quantum well transition energies[J].Physical Review B, 1999, 60（3）: 1496-1499.

[9]ICHIMIYA M, OHATAAND T, et al.Effect of uniaxial stress on photoluminescence in GaN and stimulated emission in $In_xGa_{1-x}N$/GaN multiple quantum wells[J].Physical Review B, 2003, 68（3）: 035323.

[10]IIZUKA N, KANEKO K, et al.Near-infrared intersubband absorption in GaN/AlN quantum wells grown by molecular beam epitaxy[J].Applied Physics Letters, 2002, 81（10）: 1803-1805.

[11]TCHERNYCHEVA M, NEVOU L, et al.Systematic experimental and theoretical investigation of intersubband absorption in GaN/AlN quantum wells[J]. Physical Review B, 2006, 73（12）: 125347.

[12]ZHOU H L, LIU W, et al.Normal incidence intersubband absorption in GaN/AlN superlattices grown on facet-controlled epitaxial lateral overgrown GaN/Sapphire templates[J].Japanese Journal of Applied Physics, 2007, 46（8A）: 5128-5130.

[13]BERLAND K, STATTIN M, et al.Temperature stability of intersubband transitions in AlN/GaN quantum wells[J].Applied Physics Letters, 2010, 97（4）: 043507.

[14]JOVANOVIC V, INDJIN D, et al.Design of GaN/AlGaN quantum wells for maximal intersubband absorption in $1.3<\lambda<2\mu m$ wavelength range[J].Solid State Communications, 2002, 121（11）: 619-624.

[15]CHI Y M, SHI J J.Built-in electric field effect on the linear and nonlinear intersubband optical absorptions in InGaN strained single quantum wells[J].Journal of Luminescence, 2008, 128（11）: 1836-1840.

[16]CAI D J, GUO G Y.Tuning linear and nonlinear optical properties of wurtzite

GaN by c-axial stress[J].Journal of Physics D: Applied Physics, 2009, 42(18): 185107.

[17]LI J M, LÜ Y W, et al.Effect of spontaneous and piezoelectric polarization on intersubband transition in $Al_xGa_{1-x}N$–GaN quantum well[J].Journal of Vacuum Science & Technology B, 2004, 22(6): 2568-2573.

[18]SUZUKI N, IIZUKA N, et al.Calculation of near-infrared intersubband absorption spectra in GaN/AlN quantum wells[J].Japanese Journal of Applied Physics, 2003, 42(1): 132-139.

[19]LEI S Y, SHEN B, et al.Influence of polarization-induced electric field on the wavelength and the absorption coefficient of the intersubband transitions in $Al_xGa_{1-x}N$/GaN double quantum wells[J].Journal of Applied Physics, 2006, 99(7): 074501.

[20]LEI S Y, SHEN B, et al.Intersubband transitions in asymmetric $Al_xGa_{1-x}N$/GaN double quantum wells[J].Journal of Applied Physics, 2007, 101(12): 123108.

[21]LEI S Y, DONG Z G, et al.Intersubband transition in symmetric $Al_xGa_{1-x}N$/GaN double quantum wells with applied electric field[J].Physics Letters A, 2008, 373(1): 136-139.

[22]CEN L B, SHEN B, et al.Influence of applied electric fields on the absorption coefficient and subband energy distances of intersubband transitions in AlN/GaN coupled double quantum wells[J].Journal of Applied Physics, 2008, 104(6): 7672.

[23]CEN L B, SHEN B, et al.Near-infrared two-color intersubband transitions in AlN/GaN coupled double quantum wells[J].Journal of Applied Physics, 2009, 105(5): 053106.

[24]BELMOUBARIK M, OHTANI K, et al.Intersubband transitions in ZnO multiple quantum wells[J].Applied Physics Letters, 2008, 92(12): 191906.

[25]WEI S Y, JIA Y L, et al.Excitonic optical absorption in wurtzite InGaN/GaN quantum wells[J].Superlattices and Microstructures, 2012, 51(1): 9-15.

[26]JACOPIN G, RIGUTTI L, et al.Photoluminescence polarization in strained GaN/AlGaN core/shell nanowires[J].Nanotechnology, 2012, 23(32): 325701.

[27]TCHOULFIAN P, DONATINI F, et al.Direct imaging of p-n junction in core-shell GaN wires[J].Nano Letters, 2014, 14(6): 3491-3498.

[28]TCHERNYCHEVA M, NEPLOKH V, et al.Core-shell InGaN/GaN nanowire light emitting diodes analyzed by electron beam induced current microscopy and cathodoluminescence mapping[J].Nanoscale, 2015, 7(27): 11692-11701.

[29]ROGERS D J, SANDANA V E, et al.Core-shell GaN-ZnO moth-eye nanostructure arrays grown on a-SiO_2/Si(111) as a basis for improved InGaN-based photovoltaics and LEDs[J].Photonics and Nanostructures-Fundamentals and Applications, 2015, 15: 53-58.

[30]WANG Z, FAN Y, et al.Natural charge spatial separation and quantum confinement of ZnO/GaN-core/shell nanowires[J].Journal of Applied Physics, 2010, 108(12): 123707.

[31]AUFD.M M, SACCONI F, et al.A parametric study of InGaN/GaN nanorod core-shell LEDs[J].IEEE Transactions on Electron Devices, 2013, 60(1): 171-177.

[32]LI C K, WU Y R.Three dimensional numerical study on the efficiency of a core-shell InGaN/GaN multiple quantum well nanowire light-emitting diodes[J].Journal of Applied Physics, 2013, 113(18): 183104.

[33]LI J, GUAN J Y, et al.Effects of ternary mixed crystal and size on optical phonons in wurtzite nitride core-shell nanowires[J].Journal of Applied Physics, 2014, 115(15): 154305.

[34]LIU W H, YANG S, et al.Effects of ternary mixed crystal and size on

intersubband optical absorption in wurtzite InGaN/GaN core-shell nanowires[J]. Superlattices and Microstructures, 2015, 83: 521-529.

[35]YALAVARTHI K, CHIMALGI V, et al.How important is nonlinear piezoelectricity in wurtzite GaN/InN/GaN quantum disk-in-nanowire LED structures[J].Optical and Quantum Electronics, 2014, 46（7）: 925-933.

[36]CHIMALGI V U, NISHAT M R K, et al.Nonlinear polarization and efficiency droop in hexagonal InGaN/GaN disk-in-wire LEDs[J].Superlattices and Microstructures, 2015, 84: 91-98.

[37]PAVLOUDIS T, TERMENTZIDIS K, et al.The influence of structural characteristics on the electronic and thermal properties of GaN/AlN core/shell nanowires[J].Journal of Applied Physics, 2016, 119（7）: 074304.

[38]吴木生，袁文，等.ZnO/GaN核壳异质结电子结构和光学特性第一性原理研究[J].光子学报, 2013, 42: 156.

[39]DUAN W H, ZHU J L, et al.Electron-interface-phonon scattering in graded quantum wells of Ga1-xAlxAs[J].Physical Review B, 1994, 49（20）: 14403-14408.

[40]STROSCIO M A.Interface-phonon-assisted transitions in quantum-well lasers[J].Journal of Applied Physics, 1996, 80（12）: 6864-6867.

[41]SHI J J, PAN S H.Electron-interface-phonon interaction and scattering in asymmetric semiconductor quantum-well structures[J].Physical Review B, 1995, 51（24）: 17681-17688.

[42]SHI J J, PAN S H.Polar optical oscillations in coupled quantum wells: The electron-phonon interaction and scattering[J].Journal of Applied Physics, 1996, 80（7）: 3863-3875.

[43]TENG H B, SUN J P, et al.Phonon assisted intersubband transitions in step quantum well structures[J].Journal of Applied Physics, 1998, 84（4）: 2155-

2164.

[44]KISIN M V, DUTTA M, et al.Electron-phonon interaction in intersubband laser heterostructures[J].International Journal of High Speed Electronics and Systems, 2002, 12（4）：939-968.

[45]WU B H, CAO J C, et al.Interface phonon assisted transition in double quantum well[J].The European Physics Journal B, 2003, 33（1）：9-14.

[46]SANG H Y, GU B Y, et al.Intersubband transition rates of localized electron-phonon interaction in structural defect superlattices[J].Physics Letters A, 2005, 334（1）：55-66.

[47]WANG X J, WANG L L, et al.A surface optical phonon assisted transition in a semi-infinite superlattice with a cap layer[J].Semiconductor Science and Technology, 2006, 21（6）：751-757.

[48]GAO X, BOTEZ D, et al.Phonon confinement and electron transport in GaAs-based quantum cascade structures[J].Journal of Applied Physics,2008,103(7) 073101.

[49]PARK S H, AHN D, et al.Screening effects on electron-longitudinal optical-phonon intersubband scattering in wide quantum well and comparison with experiment[J].Japanes Journal of Applied Physics, 2000, 39（12A）：6601-6605.

[50]PARK S H, AHN D, et al.Spontaneous polarization and piezoelectric effects on inter-subband scattering rate in wurtzite GaN/AlGaN quantum-well[J].Japanes Journal of Applied Physics, 2001, 40（9A）：L941-L944.

[51]POKATILOV E P, NIKA D L, et al.Confined electron-confined phonon scattering rates in wurtzite AlN/GaN/AlN heterostructures[J].Journal of Applied Physics, 2004, 95（10）：5626-5632.

[52]KOMIRENKO S M, KIM K W, et al.Energy-dependent electron scattering via interaction with optical phonons in wurtzite crystals and quantum wells[J].Physical

Review B, 2000, 61（3）: 2034-2040.

[53]LÜ J T, CAO J C.Interface and confined optical-phonon modes in wurtzite multi-interface heterostructures[J].Journal of Applied Physics, 2005, 97（3）: 033502.

[54]HA S H, BAN S L.Binding energies of excitons in a strained wurtzite GaN/AlGaN quantum well influenced by screening and hydrostatic pressure[J].Journal of Physics: Condensed Matter, 2008, 20（8）: 085218,

[55]WILKINSON J H.代数特征值问题[M].石钟慈，邓健新，译.北京：科学出版社，2001.

附录 1　有关数值计算中的数学建模及 Fortran 程序范例

1. 二阶常微分方程

很多物理问题是由二阶常微分方程描述的。这类问题中的一些参数必须具有它们的特征值，才能够得到在积分区间末端满足的某些边界条件的微分方程的解。薛定谔方程描写任何系统中微观粒子的状态即波函数的变化规律。方程中的势函数 $V(z)$ 若与时间无关则称为定态薛定谔方程。例如，有限深量子阱中电子和空穴的本征能量及其相应的各级本征态满足的定态薛定谔方程正是此类二阶微分方程

$$\left\{-\frac{\hbar^2}{2}\frac{\partial}{\partial z}\left[\frac{1}{m_z}\frac{\partial}{\partial z}\right]+V(z)\right\}\psi(z)=E\psi(z)$$

定态中的能量仅取相应的若干确定值 E_i，即能量本征值，且与其对应的波函数称为本征波函数 $\psi_i(z)$，需在积分区间末端满足的边界条件时解得。此类方程的求解过程需要运用二阶常微分方程的数值计算方法。首先将定态薛定谔方程进行无量纲处理为

$$\frac{d^2 y_i(x)}{dx^2}+\left[V_i(x)-E_i\right]y_i(x)=0$$

并由差分形式表示该方程，进而完成联立代数方程组的过程。

具体步骤是，首先将方程定义的区间等间距分为 n 等份，利用二阶中心差分公式将二阶微商化为

$$\frac{\mathrm{d}^2 y_i(x)}{\mathrm{d}x^2} = \frac{y_{i,k+1} - 2y_{i,k-1}}{\Delta x}$$

取步长为 h，则第 k 个节点上满足

$$\frac{y_{i,k+1} - 2y_{i,k-1} + y_{i,k-1}}{h} + [V_{i,k}(x) - E_i] y_{i,k}(x) = 0$$

将第 $2 \sim n$ 个节点上的差分形式的代数方程联立写为矩阵形式

$$\begin{pmatrix} -\left(\frac{2}{h^2} - V_{i,2} + E_i\right) & \frac{1}{h^2} & & & \\ \frac{1}{h^2} & -\left(\frac{2}{h^2} - V_{i,3} + E_i\right) & & \vdots & \\ & & \ddots & & \\ & & & \frac{1}{h^2} & \\ \cdots & \cdots & \frac{1}{h^2} & -\left(\frac{2}{h^2} - V_{i,n} + E_i\right) \end{pmatrix} \begin{pmatrix} y_{i,2} \\ y_{i,3} \\ \vdots \\ y_{i,n} \end{pmatrix} = 0$$

定义域既含中间的阱又含两边的无限垒，且将边值选在量子阱两边深入垒中较深处，由于各本征态在垒中衰减很快，因此可取 $y_{i,1} = 0$ 及 $y_{i,n+1} = 0$。最后，利用迭代法求解以上矩阵即可。

因此，如何求解矩阵的本征问题是求解二阶常微分方程的关键步骤。以下给出求解某矩阵 AI 的本征问题的相应程序模块。

```
    PROGRAM EIGENS
C   THIS PROGRAM FINDS THE SMALLEST EIGENVALUE OF MATRIX A
C   AND THE ASSOCIATED EIGENVECTOR COMPONENTS
    REAL LAMBDA
    INTEGER S, SP1
    DIMENSION AI(20,20), X(20), D(20), Z(10,20), LAMBDA(11),
   !         XK(11,20), C(10), G(10), SUMM(20), Y(20),
   !         X1(11,20), XX(20), XK1(11,20)
```

```
      N=3
      S=2
      EPSI=0.00001
      AI（1，1）=0.1
      AI（1，2）=0.1
      AI（1，3）=0.1
      AI（2，1）=0.1
      AI（2，2）=0.2
      AI（2，3）=0.2
      AI（3，1）=0.1
      AI（3，2）=0.2
      AI（3，3）=0.3
      DO 4 I=1，N
4     X（I）=1.0
C  CACULATE COMPONENTS OF THE VECTOR （1/LAMBDA）*X
      IT=0
5     DO 6 I=1，N
      D（I）=0.0
      DO 6 J=1，N
6     D（I）=D（I）+AI（I，J）*X（J）
      IT=IT+1
C  NORMALIZE THE VECTOR D（I）
      DO 7 I=1，N
```

```
  7  Z（1, I）=D（I）/D（1）
C CHECK TO SEE IF REQUIRED ACCURACY HAS BEEN OBTAINED
     DO 8 I=1, N
     DIFF=X（I）-Z（1, I）
     IF（ABS（DIFF）-EPSI*Z（1, I）.GE.0）GOTO 9
  8  CONTINUE
     GOTO 11
  9  DO 10 I=1, N
 10  X（I）=Z（1, I）
     IF（IT.LT.50）GOTO 5
 11  LAMBDA（1）=1.0/D（1）
C SWEEP OUT S EIGENVECTORS
     DO 100 I=1, S
     IP1=I+1
     DO 12 L=1, N
 12  XK（IP1, L）=1.0
C CALCULATE G（I）VALUES
     G（I）=0.0
     DO 14 L=1, N
 14  G（I）=G（I）+Z（I, L）**2
C CALCULATE VALUES OF C
     IT=0
 15  DO 99 II=1, I
```

```
      SUM=0.0
      DO 16 L=1, N
16    SUM=SUM+Z(II, L)*XK(IP1, L)
99    C(II)=SUM/G(II)
      IT=IT+1
C  CALCULATE SUM OF CX'S
      DO 17 L=1, N
17    SUMM(L)=0.0
      DO 19 K=1, I
      DO 18 L=1, N
      Y(L)=C(K)*Z(K, L)
18    SUMM(L)=SUMM(L)+Y(L)
19    CONTINUE
C  CALCULATE NEW TRIAL X
      DO 20 L=1, N
20    X1(IP1, L)=XK(IP1, L)-SUMM(L)
      DO 21 II=1, N
      XX(II)=0.0
      DO 21 KK=1, N
21    XX(II)=XX(II)+AI(II, KK)*X1(IP1, KK)
C  NORMALIZE TO GET XK FOR NEXT INTERATION OR FINAL XK
      DO 22 L=1, N
22    XK1(IP1, L)=XX(L)/XX(1)
```

```
        DO 23 L=1, N
          DIFF=XK（IP1, L）-XK1（IP1, L）
          IF（ABS（DIFF）-EPSI*XK1（IP1, L）.GE.0）GOTO 24
23      CONTINUE
          GOTO 26
24      DO 25 L=1, N
25      XK（IP1, L）=XK1（IP1, L）
          IF（IT.LT.50）GOTO 15
C       CALCULATE EIGENVALUES
26      LAMBDA（IP1）=1.0/XX（1）
          DO 27 L=1, N
27      Z（IP1, L）=XK1（IP1, L）
100            CONTINUE
          SP1=S+1
          DO 104 I=1, SP1
          WRITE（*, 150）I, LAMBDA（I）
150            FORMAT（1X, ' LAMBDA（', I2, '）=', F12.6）
          WRITE（*, 160）（Z（I, L）, L=1, N）
160            FORMAT（1X, F12.6）
104            CONTINUE
          END
```

2. 高斯积分

在求解系统中哈密顿算符的平均值问题时，常常需要计算积分。例如，二

维量子阱结构中与生长方向垂直的平面内，激子哈密顿算符写为以下式子

$$\hat{H}_{\text{ex}} = -\frac{\hbar^2}{2\mu}\frac{1}{\rho}\frac{\partial}{\partial \rho}\left[\rho\frac{\partial}{\partial \rho}\right] + e\varphi_{\text{coulomb}}(\rho, z_e, z_h)$$

并在单变量 β 的变分波函数

$$|\psi(\rho)\rangle = A e^{-\beta\rho}\cos(k_{\text{Fermi}}\rho)$$

以及电子本征波函数 $|\psi(z_e)\rangle$ 和空穴本征波函数 $|\psi(z_h)\rangle$ 下，进行激子变分能量的计算

$$E_{\text{e-h}} = \langle\psi(\rho)|\langle\psi(z_e)|\langle\psi(z_h)|\hat{H}_{\text{ex}}|\psi(z_h)\rangle|\psi(z_e)\rangle|\psi(\rho)\rangle$$

此时，需要运用相应的积分计算。再例如，在计算二维量子阱结构中的光吸收系数

$$\alpha(\hbar\omega) = \frac{\hbar\omega}{\hbar d}\sqrt{\frac{\mu 0}{\varepsilon_0 \varepsilon_\gamma}}\sum_{m>n}|M_{mn}|^2\frac{(N_n - N_m)\hbar/\tau}{(E_n - E_m - \hbar\omega)^2 + (\hbar/\tau)^2}$$

时，其中两个量子态之间的振子强度需进行以下积分运算

$$M_{mn} = \langle\psi_m(z)|ez|\psi_n(z)\rangle$$

数值积分方法可用于解决此类问题。其中高斯积分是求解高斯型连续函数在有限区间内的常用积分方法。以下程序模块给出了 $3y^2/8$ 函数在 $y \in [-2, 2]$ 区间内的高斯积分过程。

变量名	意义	给定值
A1	积分下限	−2
B1	积分下限	2
FUNC1	被积函数名	
Y	积分变量	

```
PROGRAM Demension1
EXTERNAL FUNC1
COMMON/D/D1
D1=2.
```

```
A1=-D1
B1=D1
CALL QUAD（S, A1, B1, D1, FUNC1）
PRINT*, ' S= 2 ', S
END


FUNCTION FUNC1（Y）
FUNC1=（3*Y*Y/8）
RETURN
END


FUNCTION G1（YY, D1, FUNCC）
EXTERNAL FUNCC
COMMON/Y/Y
Y=YY
G1=FUNCC（Y）
RETURN
END


SUBROUTINE QUAD（SS, A1, B1, D1, FUNCC）
EXTERNAL G1, FUNCC
DIMENSION XX（5）, W（5）
REAL K, L, S, T
```

DATA XX/.1488743389，.4333953941，.6794095682，.8650633666，

*.9739065285/

DATA W/.2955242247，.2692667193，.2190863625，.1494513491，

*.0666713443/

XM=0.5*（B1+A1）

XR=0.5*（B1-A1）

SS=0

DO 11 J=1，5

DX=XR*XX（J）

SS=SS+W（J）*（G1（XM+DX，D1，FUNCC）

$ +G1（XM-DX，D1，FUNCC））

11 CONTINUE

SS=XR*SS

RETURN

END

3. 高斯-拉盖尔积分

以上讨论的积分中函数是高斯型连续函数，且积分上限及下限为有限数值。若积分上限或下限中存在无穷大，则通常称此类积分为反常积分。在计算中遇到反常积分的情况，则可参考此处介绍的高斯-拉盖尔积分方法。以下程序模块给出了 $-y/3$ 函数在 $y \in [0, \infty]$ 区间内的高斯-拉盖尔积分过程。

变量名   意义   给定值

FUN1   被积函数名

Y   积分变量

PROGRAM Demension1

```
EXTERNAL FUN1
CALL LAGU(SS, FUN1)
PRINT*,' SS= 3 ', SS
END
FUNCTION FUN1(Y)
FUN1=EXP(-Y/3)
RETURN
END


FUNCTION H2(YY, FUN)
EXTERNAL FUN
COMMON/Y/Y
Y=YY
H2=FUN(Y)
RETURN
END


SUBROUTINE LAGU(S, FUN)
EXTERNAL H2, FUN
DIMENSION x(9), w(9)
DATA x
    . /0.1523222277, 0.8072200227, 2.0051351556, 3.7834739733,
    . 6.2049567779, 9.3729852517, 13.4662369111, 18.8335977890,
    . 26.3740718909/
```

```
    DATA w
   .    /0.3914311243, 0.9210850285, 1.4801279099,
   .     2.0867708076, 2.7729213897, 3.5916260681,
   .     4.6487660021, 6.2122754198, 9.3632182377/
   S=0.0
   DO 1 n=1, 9
   S=S+w（n）*H2（x（n），FUN）
1  CONTINUE
   RETURN
   END
```

在以上提到的例子中，由电子本征波函数 $|\psi(z_e)\rangle$ 和空穴本征波函数 $|\psi(z_h)\rangle$ 及单变量变分波函数 $|\psi(\rho)\rangle$，进行激子变分能量的计算公式记为

$$E_{e-h} = \langle\psi(\rho)|\langle\psi(z_e)|\langle\psi(z_h)|\hat{H}_{ex}|\psi(z_h)\rangle|\psi(z_e)\rangle|\psi(\rho)\rangle$$

此时，执行积分计算时，在 z 方向上需进行有限数值 $[-d, d]$ 区间内（d 为量子阱的阱宽）高斯积分，而在 ρ 方向进行 $[0, \infty]$ 的反常积分。因此，高斯积分模块与高斯-拉盖尔积分模块在一些物理问题中，通常会遇到嵌套使用的情况。因此以下给出常用的三重积分的范例。程序模块能够计算 $(-x/3)(3y^2/8)(3z^2/8)$ 函数在 $x \in [-2,2]$，$y \in [0, \infty]$，$z \in [0, \infty]$ 区间内的积分结果。

变量名	意义	给定值
A1 A2	积分下限	−2
B1 B2	积分下限	2
FUNCC	被积函数名	
X Y Z	积分变量	

```
PROGRAM main
EXTERNAL FUNC1
COMMON/D/D1
D1=2.
CALL QUAD1(S, D1, FUNC1)
PRINT*, ' S= 12 ', S
END


FUNCTION FUNC1(X, Y, Z)
FUNC1=EXP(-X/3)*(3*Y*Y/8)*(3*Z*Z/8)
RETURN
END
SUBROUTINE QUAD1(SS, D1, FUNCC)
EXTERNAL F1, FUNCC
CALL laguX1(SS, F1, D1, FUNCC)
RETURN
END


FUNCTION F1(XX, D1, FUNCC)
EXTERNAL H1, FUNCC
COMMON/XYZ/X, Y, Z
X=XX
A1=-D1
B1=D1
```

```
      CALL QGAUSY1（SS, H1, A1, B1, D1, FUNCC）
      F1=SS
      RETURN
      END

      FUNCTION H1（YY, D1, FUN）
      EXTERNAL G1, FUN
      COMMON/XYZ/ X, Y, Z
      Y=YY
      A2=-D1
      B2=D1
      CALL QGAUSZ1（SS, G1, A2, B2, D1, FUN）
      H1=SS
      RETURN
      END
      FUNCTION G1（ZZ, D1, FUNCC）
      EXTERNAL FUNCC
      COMMON/XYZ/X, Y, Z
      Z=ZZ
      G1=FUNCC（X, Y, Z）
      RETURN
      END
```

```
SUBROUTINE LaguX1（S，F1，D1，FUNCC）
EXTERNAL F1，FUNCC
DIMENSION x（9），w（9）
DATA x
.    /0.1523222277，0.8072200227，2.0051351556，3.7834739733，
.    6.2049567779，9.3729852517，13.4662369111，18.8335977890，
.    26.3740718909/
DATA w
.    /0.3914311243，0.9210850285，1.4801279099，
.    2.0867708076，2.7729213897，3.5916260681，
.    4.6487660021，6.2122754198，9.3632182377/
S =0.0
DO 13 n=1，9
S=S+w（n）*F1（x（n），D1，FUNCC）
13  CONTINUE
RETURN
END



SUBROUTINE QGAUSY1（SS，H1，A1，B1，D1，FUNCC）
EXTERNAL H1，FUNCC
DIMENSION X（5），W（5）
DATA X/.1488743389，.4333953941，.6794095682，.8650633666，
```

```
      *.9739065285/
      DATA W/.2955242247, .2692667193, .2190863625, .1494513491,
      *.0666713443/
      XM=0.5*（B1+A1）
      XR=0.5*（B1-A1）
      SS=0
      DO 11 J=1, 5
      DX=XR*X（J）
      SS=SS+W（J）*（H1（XM+DX, D1, FUNCC）+
      $       H1（XM-DX, D1, FUNCC））
 11   CONTINUE
      SS=XR*SS
      RETURN
      END


      SUBROUTINE QGAUSZ1（SS, G1, A2, B2, D1, FUNCC）
      EXTERNAL G1, FUNCC
      DIMENSION X（5）, W（5）
      REAL K, L, S, T
      DATA X/.1488743389, .4333953941, .6794095682, .8650633666,
      *.9739065285/
      DATA W/.2955242247, .2692667193, .2190863625, .1494513491,
      *.0666713443/
```

```
        XM=0.5*（B2+A2）
        XR=0.5*（B2-A2）
        SS=0
        DO 11 J=1, 5
        DX=XR*X（J）
        SS=SS+W（J）*（G1（XM+DX, D1, FUNCC）
     $          +G1（XM-DX, D1, FUNCC））
 11     CONTINUE
        SS=XR*SS
        RETURN
        END
```

4. 变分算法

变分原理指出，将某体系的能力平均值表示为

$$\langle H \rangle = (\psi, H\psi)$$

则该体系的能量本征值和本征波函数可在归一化条件下，$\langle H \rangle$ 取得极值而得到。即

$$\delta(\psi, H\psi) - \lambda(\psi\ H\psi) = 0$$

式中，λ 为待定的拉的朗日乘子，恰为体系的能量本征值。由此也可证明，满足能量本征方程的本征函数，一定使得能量取其极值，变分原理与能量本征方程是等价的。

由变分算法实现求解本能量征问题的具体步骤为，首先根据具体问题在物理上的特点，选择某种数学形式上比较简单，但在物理上合理的试探波函数，然后给出该试探波函数形式下的能量平均值 $\langle H \rangle$，并让 $\langle H \rangle$ 取极值，从而定出在该形式下的最佳能量本征波函数。

以下给出基于双变分算法的程序模块。

| 变量名 | 意义 | 初始值 |

BETA1（1） 　　变分参量1 　　3.21

BETA1（2） 　　变分参量2 　　3.21

EB11 　　　变分函数名

D1 　　　变量

```
    PROGRAM varial2
    PATAMETER（M=2, N=2, d=0.1, EPS=0.001, R=0.5, MAXI=4000）
    DIMENSION BETA1（M）, BETA（N）, XN（n）, DL（n）
    COMMON /COM1/D1, PAI
    PAI=3.1415926
    DO 2 D1=1, 101, 5
    OPEN（UNIT =1, FILE='EB11.dat'）
    BETA1（1）=3.21
    BETA1（2）=3.21
    CALL DIRS1（M, BETA1, D, EPS, R, F, MAXI, LC, XN, DL,
D1, PAI, EB11）
    IF（LC.NE.0）PAUSE'variation WITHOUT SOLUTION'
    PRINT*, 'EB11=', EB11
    WRITE（1, 3）EB11, D1
3   FORMAT（2（1x, f15.8））
2   CONTINUE
    CLOSE（UNIT=1, STATUS='KEEP'）
```

```
      STOP
      END


      SUBROUTINE DIRS1（N，X，D，EPS，R，F，MAXI，LC，XN，DL，
    D1，PAI，EB11）
      DIMENSION X（N），XN（N），DL（N）
      DO 10 I=1，N
  10  DL（I）=D
      CALL FU（N，X，F，D1，PAI，EB11）
      LL=1
      LC=0
  11  FM=F
      DO 20 I=1，N
  20  XN（I）=X（I）
      CALL P（N，XN，DL，FM，FN，MAXI，LL，D1，PAI，EB11）
      IF（LC.EQ.1）GOTO 222
      IF（FM-F）30，50，50
  30  DO 40 I=1，N
      IF（X（I）.LT.XN（I）.AND.DL（I）.LT.0.OR.X（I）.GE.
    $    XN（I）.AND.DL（I）.GT.0）DL（I）=-DL（I）
      W=X（I）
      X（I）=XN（I）
  40  XN（I）=2*XN（I）-W
```

```
      F=FM
      IF（MAXI-LL）111, 111, 90
   90 LL=LL+1
      CALL FU（N, XN, FN, D1, PAI, EB11）
      FM=FN
      CALL P（N, XN, DL, FM, FN, MAXI, LL, D1, PAI, EB11）
      IF（LC.EQ.1）GOTO 222
      IF（F.LE.FM）GOTO 11
      DO 60 I=1, N
      IF（0.5*ABS（DL（I））.LT.ABS（XN（I）-X（I）））GOTO 30
   60 CONTINUE
   50 IF（EPS.GT.D）GOTO 222
      D=D*R
      DO 70 I=1, N
   70 DL（I）=DL（I）*R
      GOTO 11
  111 LC=1
  222 RETURN
      END

      SUBROUTINE P（N, XN, DL, FM, FN, MAXI, LL, D1, PAI, EB11）
      DIMENSION XN（N）, DL（N）
      DO 1 J=1, N
```

```
           XN(J)=XN(J)+DL(J)
           IF(MAXI-LL)5,6,6
        6  LL=LL+1
           CALL FU(N, XN, FN, D1, PAI, EB11)
           IF(FN.LT.FM)GOTO 2
           DL(J)=-DL(J)
           XN(J)=XN(J)+2*DL(J)
           IF(MAXI-LL)5,5,7
        7  LL=LL+1
           CALL FU(N, XN, FN, D1, PAI, EB11)
           IF(FN.LT.FM)GOTO 2
           XN(J)=XN(J)-DL(J)
           GOTO 1
        2  FM=FN
        1  CONTINUE
        5  LC=1
           RETURN
           END
           SUBROUTINE FU(N, BETA1, F, D1, PAI, EB11)
           DIMENSION BETA1(2)
           DO 1 i=1, n
        1  IF(BETA 1(i).lt.0) BETA 1(i)=0.0001
           PRINT*, BETA1(1), BETA1(2)
           EB11=4*(PAI**2+BETA1(1)**2)/(D1**2)
          $   +(PAI**2+BETA1(2)**2)/(D1**2)
```

```
F=EB11
RETURN
END
```

5. 自洽算法

在有效质量近似下，考虑电子–空穴气引起的极化电场 $\varphi_i(z)$ 的屏蔽作用，对于有限深量子阱中，电子和空穴的本征方程为

$$\left\{-\frac{\hbar^2}{2}\frac{\partial}{\partial z}\left[\frac{1}{m_i(z)}\frac{\partial}{\partial z}\right]+V_i(z)+q_i\varphi_i(z)z\right\}\psi_i(z)=E_i\psi_i(z)$$

式中，下标 $i=e$ 和 $i=h$ 分别代表电子、空穴。$m_i(z)$ 和 $V_i(z)$ 分别是电子和空穴的有效质量和阱势。E_i 和 $\psi_i(z)$ 分别是能量本征值和相应的能量本征态。当 $i=e$ 和 $i=h$ 时，分别取 e 和 $-e$。

上式中，极化电场由泊松方程算出，即方程

$$\frac{\partial\varphi_i(z)}{\partial z}=\frac{q_i\rho(z)}{\varepsilon(z)}$$

式中，$\varepsilon(z)$ 是与材料的选择有关的静态介电常数。等效面电荷密度 $\rho(z)=\sigma f(z)$。σ 为电子气和空穴气的面密度，且 $f(z)=|\psi_e(z)|^2-|\psi_h(z)|^2$。

在该问题中，需采用自洽算法计算，①将无电子和空穴气屏蔽（即 $\varphi_i(z)=0$）的势场作为初值代入薛定谔方程求出电子与空穴的一组本征态。②将这些各级本征态代入泊松方程，则得到各级的极化电场 $\varphi_i(z)$。③再计算考虑极化电场 $\varphi_i(z)$ 的薛定谔方程求出新的一组本征态，如此重复直到先后两次计算中极化电场的差值满足精度为止。以上自洽计算的程序范例如下。

变量名	意义
VF	极化电场矩阵元
Ve0cb，Ve0bb	导带带阶
Vh0cb，Vh0bb	价带带阶
Ee	导带本征能级

Eh　　　　　价带本征能级

phie　　　　电子本征态

phih　　　　空穴本征态

SUBROUTINE hsh（nb1，nb2，nw1，n，Ve0cb，Vh0cb，h1，hh1，hh2，

! VF，VL，V，HA，D，Z，f，W，Ee，Eh，phie，phih）

DIMENSION VF（n），VL（n），V（n），phie（n），phih（n）

DIMENSION f（n），HA（n，n），D（n），Z（n），VVe（n），VVh（n），W（n）

DO 30 i=1，n

30 VF（i）=0.

loop=0

31 call shrdngr（nb1，nb2，nw1，n，h1，hh1，hh2，

! Ve0bb，Ve0cb，HA，D，Z，VF，VVe，Ee，phie）

call shrdngr（nb2，nb1，nw1，n，h1，hh2，hh1，

! Vh0bb，Vh0cb，HA，D，Z，VF，VVh，Eh，phih）

do 34 i=1，n

34 f（i）=phie（i）**2-phih（n-i+1）**2

VL（1）=0.

DO 83 i=1，nb1

83 VL（i+1）=VL（i）-（f（i+1）+f（i））*hh1/2

DO 73 i=1，nw1

73 VL（i+nb1+1）=VL（i+nb1）-（f（i+nb1+1）+f（i+nb1））*h1/2

```
       DO 63 i=1, nb2-1
63  VL(i+nb1+nw1+1)=VL(i+nb1+nw1)
    !-(f(i+nb1+nw1+1)+f(i+nb1+nw1))*hh2/2
       DO 49 i=1, n
49  W(i)=abs(VL(i)-VF(i))
    Vmax=W(1)
    do 47 i=1, n
    if(W(i).gt.Vmax) then
    Vmax=W(i)
    endif
47  continue
    if(Vmax.gt.0.0001) then
    do 32 i=1, n
32  VF(i)=VL(i)
    loop=loop+1
    goto 31
    else
    do 80 i=1, n
80  V(i)=VL(i)
    endif
    print*,' loop=', loop
    end
    SUBROUTINE shrdngr(nb1, nb2, nw1, n, h1, hh1, hh2,
```

! V0bb, V0cb, HA, D, Z, VF, VV, LAMBDA, X)

DIMENSION HA(n, n), X(n), D(n), Z(n), VF(n), VV(n)

EPSI=0.00001

L=n

DO 44 J=1, L

DO 43 I=1, L

HA(I, J)=0.0

43 CONTINUE

44 CONTINUE

DO 54 J=1, nb1+1

DO 53 I=1, nb1

IF(I.NE.J) THEN

IF(I+1.NE.J) THEN

IF(J+1.NE.I) THEN

HA(I, J)=0.0

ELSE

HA(I, J)=-1/hh1**2

END IF

ELSE

HA(I, J)=-1/hh1**2

END IF

ELSE

HA(I, J)=2/hh1**2-VF(I)*I*hh1+V0bb

```
        END IF
53  CONTINUE
54  CONTINUE
        DO 66 J=nb1, nb1+nw1+1
        DO 65 I=nb1+1, nb1+nw1
        IF（I.NE.J）THEN
        IF（I+1.NE.J）THEN
        IF（J+1.NE.I）THEN
        HA（I, J）=0.0
        ELSE
        HA（I, J）=-1/h1**2
        END IF
        ELSE
        HA（I, J）=-1/h1**2
        END IF
        ELSE
        HA（I, J）=2/h1**2-VF（I）*（I-nb1-1）*h1
        END IF
65  CONTINUE
66  CONTINUE
        DO 77 J=nb1+nw1, nb1+nw1+nb2
        DO 76 I=nb1+nw1+1, nb1+nw1+nb2
        IF（I.NE.J）THEN
```

```
        IF（I+1.NE.J）THEN

        IF（J+1.NE.I）THEN

        HA（I，J）=0.0

        ELSE

        HA（I，J）=-1/hh2**2

        END IF

        ELSE

        HA（I，J）=-1/hh2**2

        END IF

        ELSE

        HA（I，J）=2/hh2**2-VF（I）*（I-nb1-nw1-1）*hh2+V0cb

        END IF

76   CONTINUE

77   CONTINUE

        DO 503 I=1，nb1

503        VV（I）=-VF（I）*I*hh1+V0bb

        DO 605 I=1，nw1

605        VV（I+nb1）=-VF（nb1+I）*I*h1

        DO 706 I=1，nb2

706        VV（I+nb1+nw1）=-VF（nb1+nw1+I）*I*hh2+V0cb

        DO 4 K=1，L

        DO 1 J=1，L

        IF（J.NE.K）THEN
```

```
        HA ( K, J ) =HA ( K, J ) /HA ( K, K )
      END IF
1   CONTINUE
      HA ( K, K ) =1.0/HA ( K, K )
      DO 3 I=1, L
      IF ( I.NE.K ) THEN
      DO 2 J=1, L
      IF ( J.NE.K ) THEN
      HA ( I, J ) =HA ( I, J ) –HA ( K, J ) *HA ( I, K )
      END IF
2   CONTINUE
      END IF
3   CONTINUE
    DO 4 I=1, L
    IF ( I.NE.K ) THEN
    HA ( I, K ) =–HA ( I, K ) *HA ( K, K )
    END IF
4   CONTINUE
      DO 56 I=1, L
56  X ( I ) =1.
      IT=0
5   DO 6 I=1, L
      D ( I ) =0.0
```

```
        DO 6 J=1, L
6    D（I）=D（I）+HA（I, J）*X（J）
     IT=IT+1
     DO 7 I=1, L
7    Z（I）=D（I）/D（1）
     DO 8 I=1, L
     DIFF=X（I）–Z（I）
     IF（ABS（DIFF）–EPSI*Z（I）.GE.0）GOTO 9
8    CONTINUE
     GOTO 11
9    DO 10 I=1, L
10   X（I）=Z（I）
     IF（IT.LT.50）GOTO 5
11   LAMBDA=1.0/D（1）
     DO 27 I=1, L
27   X（I）=Z（I）
     END
```

附录 2

附表 2.1　纤锌矿 GaN、InN 和 AlN 的物理参数

物理参数	GaN	InN	AlN
晶格常数 a/nm	0.3189	0.3533	0.3112
晶格常数 c/nm	0.5185	0.5693	0.4982
电离度	0.5	0.578	0.449
高频介电常数	5.4	6.7	4.6
静态介电常数	8.9	10.5	8.5
禁带宽度 /eV	3.43	0.64	6.14
KP 相互作用能 /eV（// c 轴）	17.3	8.7	17
KP 相互作用能 /eV（⊥ c 轴）	16.3	8.8	18.2
导带形变势 a_1/eV	−4.9	−3.5	−3.4
导带形变势 a_2/eV	−11.3	−3.5	−11.8
价带形变势 D_1/eV	−3.7	−3.7	−17.1
价带形变势 D_2/eV	4.5	4.5	7.9
价带形变势 D_3/eV	8.2	8.2	8.9
价带形变势 D_4/eV	−4.1	−4.1	−3.9
价带形变势 D_5/eV	−4	−4	−3.4
价带形变势 D_6/eV	−5.5	−5.5	−3.4
电子有效质量	0.2	0.07	0.32
A 空穴有效质量（// c 轴）	1.89	1.56	0.26
A 空穴有效质量（⊥ c 轴）	0.26	0.17	3.99
B 空穴有效质量（// c 轴）	0.44	1.54	3.57
B 空穴有效质量（⊥ c 轴）	0.33	0.17	0.64
C 空穴有效质量（// c 轴）	0.18	0.12	3.54
C 空穴有效质量（⊥ c 轴）	0.74	1.46	0.64
激子结合能 /eV	34	9	60
激子玻尔半径 /nm	2.4	8	1.4
A_1 LO 声子频率 /cm^{-1}	734	586	890
A_1 TO 声子频率 /cm^{-1}	532	447	611
E_1 LO 声子频率 /cm^{-1}	741	593	912
E_1 TO 声子频率 /cm^{-1}	559	476	671
弹性模量 /kbar	2063	1498	2158
Δ_{cr}/meV	10	40	−169
Δ_{so}/meV	17	5	19

附表 2.1 纤锌矿 GaN、InN 和 AlN 的物理参数（续表）

物理参数	GaN	InN	AlN
LO 声子形变势 a_{A1}/cm^{-1}	−664	−901	−739
LO 声子形变势 b_{A1}/cm^{-1}	−881	−587	−737
TO 声子形变势 a_{A1}/cm^{-1}	−640		−779
TO 声子形变势 b_{A1}/cm^{-1}	−695		−394
LO 声子形变势 a_{E1}/cm^{-1}	−775		−867
LO 声子形变势 b_{E1}/cm^{-1}	−703		−880
TO 声子形变势 a_{E1}/cm^{-1}	−717	−735	−835
TO 声子形变势 b_{E1}/cm^{-1}	−591	−699	−744
弹性刚度系数 C_{11}/GPa	390	223	396
弹性刚度系数 C_{12}/GPa	145	115	137
弹性刚度系数 C_{13}/GPa	106	92	108
弹性刚度系数 C_{33}/GPa	398	224	373
弹性刚度系数 C_{44}/GPa	105	48	116
压电极化模量 $d_{31}/(\text{pm}\cdot\text{V}^{-1})$	−1.6	−3.5	−2.1
压电极化模量 $d_{33}/(\text{pm}\cdot\text{V}^{-1})$	3.1	7.6	5.4
压电极化模量 $d_{15}/(\text{pm}\cdot\text{V}^{-1})$	−0.49	−0.57	−0.6
压电极化模量 $e_{33}/(\text{C}\cdot\text{m}^{-2})$	0.73	0.97	1.46
压电极化模量 $e_{15}/(\text{C}\cdot\text{m}^{-2})$	−0.3		−0.48
自发极化模量 $/(\text{C}\cdot\text{m}^{-2})$	−0.034	−0.042	−0.09
晶格常数 a/nm	0.450	0.498	0.438
电子有效质量	0.19	0.32	0.05
高频介电常数	5.41	8.4	4.46
禁带宽度 $/\text{eV}$	3.3	0.6	5.4
KP 相互作用能 $/\text{eV}$	16.9	11.4	23.8
体积形变势 a_V/eV	−7.3	−3.8	−10
Δ_{so}/meV	17	5	19
重空穴有效质量（[001]）	0.81	0.84	1.33
重空穴有效质量（[110]）	1.38	1.37	2.63
重空穴有效质量（[111]）	1.81	1.74	3.91
轻空穴有效质量（[001]）	0.27	0.08	0.47
轻空穴有效质量（[110]）	0.23	0.08	0.40
轻空穴有效质量（[111]）	0.22	0.08	0.38
LO 声子频率 $/\text{cm}^{-1}$	742	586	902
TO 声子频率 $/\text{cm}^{-1}$	555	472	655

附表2.2 基本物理常量简表

物理常量	国际单位制	高斯单位制
普朗克常量 h	6.626×10^{-34} J/Hz	6.626×10^{-27} erg·s
$\hbar=h/2\pi$	1.055×10^{-34} J·s	1.055×10^{-27} erg·s
真空光速 c	2.998×10^{8} m/s	2.998×10^{10} cm/s
电子电荷 e	-1.602×10^{-19} C	-4.803×10^{-10} esu
电子静止质量 m_e	9.109×10^{-31} kg	9.109×10^{-28} g
玻尔半径 a_0	5.292×10^{-9} m	5.292×10^{-7} cm
玻尔兹曼常数 k_B	1.381×10^{-23} J/K	1.381×10^{-16} erg/K
里德伯常数 R_∞	1.097×10^{7} m^{-1}	1.097×10^{5} cm^{-1}
真空磁导率 μ_0	1.257×10^{-6} N/A^2	
真空介电常数 ε_0	8.854×10^{-12} F/m	

参考文献

TIESINGA E, MOHR P J, et al.CODATA recommended values of the fundamental physical constants: 2018[J].Journal of Physical and Chemical Reference Data, 2021, 50: 033105.